全新知识大搜索

神奇的生命

王学理　主编

吉林出版集团股份有限公司

前言

生命科学是最古老的科学，它是发展完善最快，分支最多，进入先进的现代技术领域的最崭新的学科。研究生命的起源，必须追溯到46亿年前，地球刚刚从宇宙中脱颖而出，从无生命到有生命的演化过程。要交待清楚微生物、植物，以及现代动物和人类的来龙去脉；要研究基因测序，就必须再把它从远古拉到人们的眼前。基因组测序、基因重组与复制、克隆生物等等，这一个个鲜活的闪耀着现代科技光芒的最尖端技术，也是生命科学的研究内容。

经典生物学是系统地研究一切生命现象、揭示生命活动客观规律和必然联系的科学。它重点研究生命的起源、演化、进化与发展规律，是以解剖分类为基础研究生命的发生、发展规律的科学。随着社会的发展和科学的进步，生命科学也在不断地发展。后来形成很多以生命科学为基础的分支，像药学、医学、农学、林学、花卉学、园艺学、畜牧学、食用菌学、工业微生物学等，无一不是生命科学的细化与发展。但这种细化和发展没有脱离生物学的范畴，它们仍然把理论上的形态描述、分类特征以及生物生态学特性作为中心和重点。生命科学体系的发展和完善，完全是因社会发展科技进步而逐渐建立、不断完善的。

当然，生命科学的核心部分也在不断发展与细化。每一门、每一纲、每一目、每一科都可能发展出一类相对完整的学科分支。这些学科分支都是生命科学体系中的有机组成部分，也是生命科学庞大体系的重要内容。但无论怎样变化，分类是生命科学最基本的内容，只有正确地分类才能科学地找出每一类生物的进化顺序,才能认清生物间的复杂演化关系,从而从错综的交错关系中理出脉络,透过现象认识本质。否则在亿万种生物面前就会茫然不知所措,想要认识生物等于老虎吃天,无从下口。

地球已形成了46亿多年,经过10多亿年无生命的演化阶段,到了34亿年前,单细胞的生命才开始诞生。在以后的这34亿年里,生物形成由单细胞到单细胞群体,由单细胞群体到多细胞,再通过多细胞生命的演化发展形成组织、器官、系统,进化成今天活跃在世界上的各种各样的微生物、植物、动物以及人类。

生物进化到今天,作为地球上万物之灵的人类也毫不例外地与其他生物一样,遵从自然规律,只有审时度势、顺应趋势,才能使大自然为人类造福,否则,人类也逃不脱大自然的惩罚。与万物为伍而不维护落后和原始,发展社会、追求进步又不破坏自然,这给人类出了个大难题。

本书从生命的进化、物种间的衍替规律描述物种间的相互关系,揭示物种从简单到复杂、从低级到高级的演化过程,这对于在青少年中普及科学知识,尤其是学习最新的科学知识,以便在未来的学习和工作实践中攀登祖国生命科学高峰,一定会大有益处;循着这条路走下去,就一定会成为有益于国家、有益于社会的杰出科技人才。

目录
MuLu

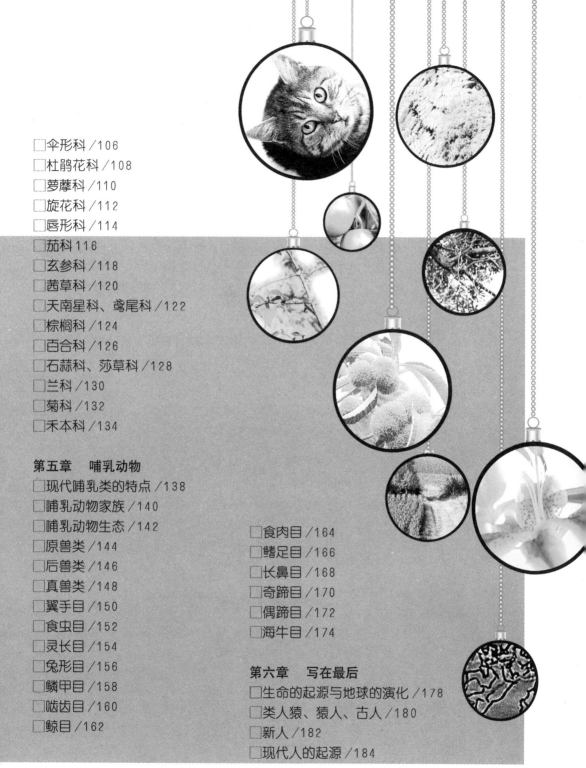

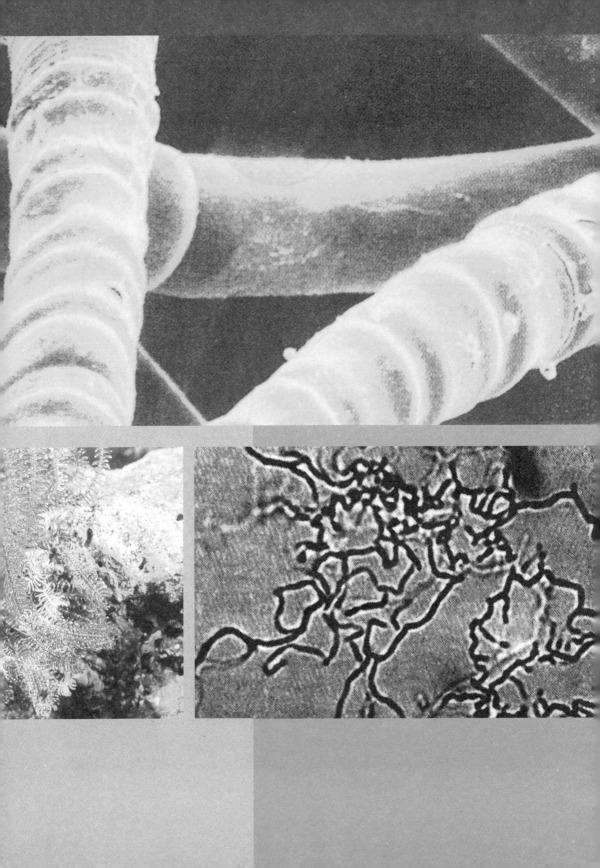

第一章　微生物

在生物界，微生物是一个独特的分支，它个体微小、数量多、种群庞大。它是自然界生态平衡和物质循环必不可少的成员，与人类的关系极为密切。

微生物的存在既有利于人类也有对人类有害的地方。有利之处在于微生物在人的身体内与人体共生，帮助人体消化，有利于人对营养物质的吸收和对难于分解的食物消化。在自然界，微生物承担着分解有机物的重要角色，如果没有微生物，自然界就会充满动植物尸体，环境污染自不必说，物质循环也会因此中断。

许多微生物是轻工业生产的重要原料，也是医药生产的重要原料。生产酱油、醋、酒、饮料、食品、味精、淀粉、氨基酸，生产各种药品、酶制剂，都离不开微生物。

自从人类认识了微生物并逐渐掌握了微生物的生物生态学特性以后，人们对微生物的利用就再也没有停止。小到家庭生活，大到工业生产，人们一刻也离不开微生物。发面蒸馍、做酱、酿酒，生产酒精、味素、抗生素，是微生物推动了人类的文明和进步，改善了人类生活质量。

目前，微生物在解决人类的粮食、能源、健康、资源和环境等方面正日异显露出重要作用。

微生物是包括所有形体微小的单细胞或个体结构简单的多细胞或没有细胞结构的低等生物的统称。换句话说，它们是一群进化地位较低的简单生物，其类群十分庞杂。如原核类的细菌、放线菌、蓝细菌、立克次氏体、衣原体和支原体。真核类有酵母菌、霉菌、担子菌、低等的原生动物和显微藻类。也包括不具细胞结构的病毒和类病菌。

现在已知微生物已经超过 10 万种，估计这不到微生物总数的 1/10。微生物的开发利用具有广阔的前途。

细菌

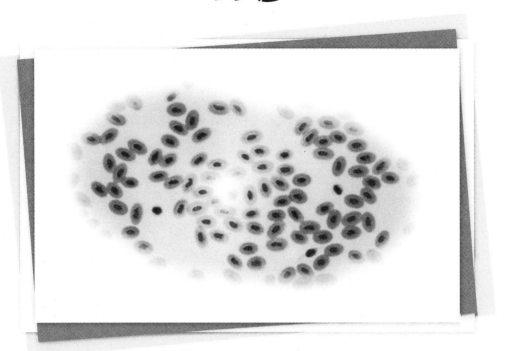

细菌是一类细胞细而短，结构简单、细胞壁坚韧的原核微生物。它们细胞的直径为0.5微米，长度为0.5～5微米，以二等分裂方式繁殖。

细菌在自然界分布最广，数量最多，与人类关系也最密切。它也是工业微生物学研究的对象，应用的对象。

细菌是单细胞微生物，主要形态有球状、杆状、螺旋状。又称做球菌、杆菌和螺旋菌。

球菌近球形或球形，又因细胞多寡分为双球菌、葡萄球菌、单球菌、链球菌、四联球菌、八叠球菌等。

杆菌细胞呈杆状、圆柱状，种类最多。如长杆菌、短杆菌、棒杆菌、梭状杆菌、双杆菌、链杆菌等。

螺旋菌，细胞呈螺旋状，种类不多，但通常是病原菌，它的细胞壁较坚韧，菌体较硬，常以单细胞分散存在。如弧菌、螺菌。

值得提及的是还有一类介于细菌和原生动物之间的原核微生物叫螺旋体，它与螺旋菌结构接近，但没有细胞壁，所以菌体很软。其螺旋在6环以上。有的细胞中央有弹性轴丝，如梅毒密螺旋体就是。

细菌细胞大小可用显微镜观察，如大肠杆菌长度为0.2～1.5微米，杆菌长1～5微米，宽0.5～1微米。芽胞杆菌比不产芽孢的菌体大。

菌体大小与培养时间相关，一般培养4小时的枯草杆菌比培养24小时的细胞长5～7倍，但宽度变化不大。

细菌细胞构造，有细胞壁、细胞膜，中心体也叫间体，间体相当于其核细胞的线粒体。有拟核或叫原核。因为还有像真核生物那样的细胞核，所以叫拟核，类似细胞核，相当于真核细胞的染色体、核质体等。此外还有内含物颗粒，核糖体，气泡及鞭毛等。有的还有绒毛。绒毛是长在细菌体表的一种纤细、中空、短直的毛，直径在7～9纳米之间。

某些细菌在环境不良时会在细胞壁表面形成一层黏液状物质，叫荚膜。其作用是保护细胞免遭干燥影响。

细菌以细胞横分裂即裂殖方式繁殖，分裂有三步，一核分裂，二形成横隔壁，三子细胞分离。

除无性繁殖外，细菌也能有性繁殖，其方式为有性接合，如埃希氏菌、志贺氏菌、沙门氏菌、假单胞菌和沙雷氏菌都如此。

细菌培养可在固体培养基上进行，也可在液体培养基上进行，但关键是菌种分离、提纯和培养基中要有充足的磷源、氮源。

放线菌

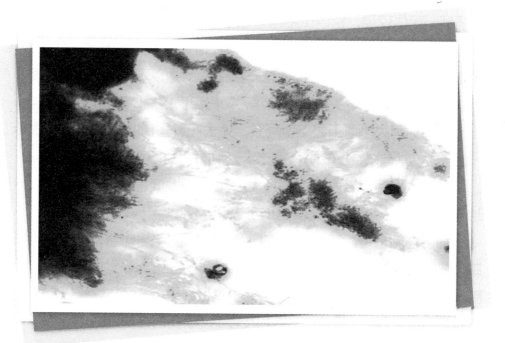

　　放线菌是介于真菌和细菌之间的单细胞微生物。它的结构以及细胞壁组成都与细菌相似，它在分类上也属于原核微生物。

　　放线菌的菌丝呈纤细的菌丝，有分枝，以外生孢子形式繁殖，这又与霉菌相似。

　　放线菌的菌落中的菌丝常从一个中心向四周辐射状生长，故名放线菌。

　　大多数放线菌腐生生活，少数种类营寄生。腐生型放线菌在自然界分布很广，在物质循环中起到相当重要的作用。寄生型可引起人与动植物疾病。放线菌主要存在于土壤中，在中性或偏碱性有机质丰富的土壤中尤多。土壤特有的泥腥味就是放线菌代谢物引起的，在空气中，淡水及海水中也有一定分布。

放线菌对人类的贡献远远大于由它带来的不利，迄今为止，人类从放线菌中提取的抗生素已达4000多种。著名的抗生素如金霉素、土霉素、链霉素、卡那霉素、庆大霉素、金霉素、井岗霉素等，都是放线菌家族的产物。

放线菌是由分枝状的菌丝组成。菌丝大多无隔膜，所以仍属于单细胞。菌丝粗细与杆菌相近，1微米左右。细胞壁含胞壁酸、二氧基庚二酸，不含几丁质、纤维素；革兰氏反应阳性。菌丝又分基内菌丝、气生菌丝和孢子丝。

基内菌丝又叫初级菌丝体，功能是吸收营养物质。气生菌丝是由基内菌丝长出培养基外，伸向空间的菌丝：较粗、分枝状。孢子丝为繁殖菌丝，也叫产孢丝，是由气生菌丝发育而成。

放线菌生活史：孢子萌发长出1～3个芽管；芽管伸长，长出分枝形成营养菌丝；营养菌丝伸长形成气生菌丝；气生菌丝发育成熟形成孢子丝；孢子丝产生孢子。

孢子又有分生孢子、孢子囊孢子之分。分生孢子由气生菌丝形成孢子丝后待发育到一定阶段分化而成。子囊孢子是由菌丝盘成孢子囊，产生横隔，形成孢子。还有一种繁殖方式就是菌丝片段再生也可以形成新的菌丝体。有些放线菌偶尔也会产生厚壁孢子。

孢子常带色，呈白、灰、黄、橙黄、红、蓝、绿色等。成熟孢子颜色是菌种鉴定依据。

蓝细菌

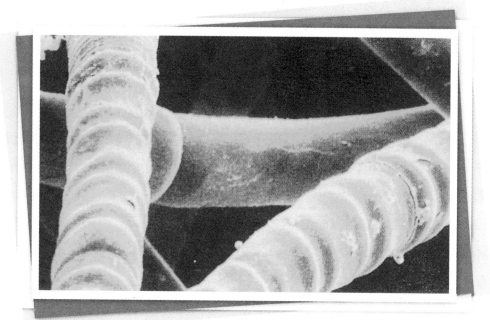

　　蓝细菌是体内含有叶绿素，能进行光合作用的一类微生物，由于它没有叶绿体，细胞壁与细菌相似，细胞核没有核膜，所以科学家们仍然把它们归属为原核微生物。也有人叫它们蓝藻或蓝绿藻。

　　蓝藻是最古老的绿色植物。植物体的构造像细菌一样简单，为单细胞植物，作前细胞构造。体内含有叶绿素，可自造食物，还含有藻蓝素（因此得名蓝藻）。细胞壁常有黏质胶联成群体，故又叫黏藻。

　　蓝细菌分布广泛，地球上几乎所有环境都能找到它们的身影，土壤、岩石、池塘、湖泊、树皮上，乃至80℃以上的温泉、盐湖，都有蓝细菌生长。

　　从进化角度看蓝细菌是早期单细胞生物的后代，是绿色植物的开拓者，它能在贫瘠的沙滩和荒漠的岩石上扎根立足，为后来绿色植物的生长创造条件，可谓先锋生物。

蓝细菌形态差异较大，有球状、杆状的单细胞体，也有丝状聚合体结合细胞链。细胞大小从0.5微米到60微米不等，多数为3～10微米之间。

当许多蓝细菌个体聚集在一起时，可形成肉眼可见的群体。在其生长旺盛时，可使水的颜色随藻体颜色而变化。如铜色微囊藻，在水中大量繁殖时，形成"水华"，使水体改变颜色。

蓝细菌生长条件简单，很多种类有固氮作用，多数的光能生物，能像绿色植物一样进行产氧光合作用，能同二氧化碳（CO_2）同化成为有机物，所以，它们是属光能性自养型微生物。

蓝细菌对环境的较强适应能力来自于菌体外面着色的胶质层，既可保持水分又可抗御风沙干旱。比如保存了87年的葛仙米标本，移到适宜的环境中仍能生长。

蓝细菌以裂殖方式进行繁殖，也可出芽繁殖，产生孢子的情况极少。

蓝细菌中已知有20多种具有固氮作用，在农业上已成为保持土壤氮素的重要因素。在水田中培养蓝细菌，可以增加生物氮肥，提高地力。

在医学上，许多蓝细菌可用来治疗肝硬化、贫血、白内障、青光眼、胰腺炎、糖尿病、肝炎等。

蓝细菌的特殊作用和在生物链中的生态作用，使它具有重要的研究价值。

双歧杆菌

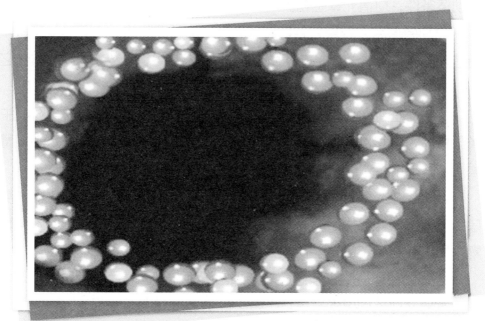

　　寄生在人体肠道内的双歧杆菌，属微生物的一种，它从婴儿落地，到老人病故，伴随着人类一生，是一种有益菌。双歧杆菌，作为一种生命体，和其他细菌一样，在一定环境下生长繁殖。双歧杆菌在本身繁殖过程中，产生大量乳酸，而乳酸能够刺激肠蠕动，从而起到防止便秘的作用，同时双歧杆菌还有增加维生素B_2、维生素B_6，及增强人体对钙离子的吸收、激活人体免疫力的功能。实际上，在人体肠道内，除寄生着双歧杆菌外，还有其他几百种约千亿个微生物存活，它们当中有些因新陈代谢要不断产生有害腐败物。在同一个生存空间，如果能使双歧杆菌大量繁殖，形成一种双歧杆菌优势，那么就可以抑制部分有害菌的生长，从而减少有害腐败物的产生，这无疑对人类的健康是有益的。

　　双歧杆菌是非常脆弱的，它保存困难，只能在人体肠道环境内生存。

如果直接补充活菌，通过胃中的消化液屏障进入大肠，很容易被酸性物质杀死，所以存活下来的数量微乎其微。于是科学家另辟蹊径，转为向人体内提供双歧杆菌生长所需要的营养成分，从而加快它的繁殖速度。双歧杆菌喜爱某些糖类，如异麦芽低聚糖、低聚果糖等，只要我们能把这些低聚糖送入人体的肠道，那么就可以导致双歧杆菌的数量增加。也正是因为这些功能性低聚糖，能起到这方面的作用，它们被称为双歧杆菌增殖因子，简称双歧因子。

低聚糖属糖的一种，只是这种糖很难为人体消化吸收，故而可以直接通过小肠进入大肠，并且在大肠内只能被双歧杆菌和其他一些有益微生物所利用。功能性低聚糖作为双歧杆菌的生长促进因子，是20世纪70年代日本科学家首先发现的，之后日本及欧洲各国广泛用于食品、医药和饲料的制造。

双歧杆菌是人体内肠道正常菌群之一，具有对人体有益的生理功能，能在体内合成乳糖酶等多种水解酶，利用婴儿及成人对糖的吸收，提高人体对乳成分的消化率，并能促进肠道蠕动，改善便秘，减少胺类、酚类等有毒物质的产生，抑制肠内有害菌的增殖，提高机体免疫力，促进体内免疫细胞活化率，因此引起了人们的高度重视，已进行广泛的开发与应用。两歧双歧杆菌是最常用菌，本是严格厌氧菌，现已获得一些耐氧的菌株，供生产使用。目前已能制成双歧杆菌干燥菌粉，作为食品添加剂或药剂。常与乳酸杆菌和乳链球菌一起，制成混合菌剂，供应市场。

在众多的双歧杆菌因子当中，异麦芽低聚糖应用最为普及。

衣原体、支原体

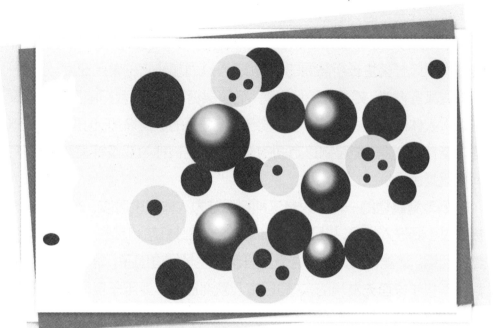

　　衣原体更小，介于立克次氏体和病毒之间，能通过细菌过滤器。过去曾认为它是大病毒,后来研究发现它与细菌更接近,也是归属于原核类微生物比较合适。

　　衣原体比立克次氏体稍小，但形态相似，呈球形,直径0.2～0.3微米。

　　结构上有细胞壁，细胞壁含胞壁酸和二氨基庚二酸，革兰氏反应阴性。

　　衣原体是专性活细胞内寄生，在寄主细胞内的发育繁殖具有特殊的生活周期。在代谢中能合成大分子有机物。但缺乏产能系统，依赖宿主获取氨基酸，这是它与立克次氏体的主要区别。

　　衣原体不需借助媒体能直接感染鸟类、哺乳动物和人类。如鹦鹉热衣原体，玩鹦鹉的人会直接感染鹦鹉热病，导致人死亡。沙眼衣原体是人类沙眼的病原体。衣原体不耐热，在60℃下10分钟即被灭活。但它不怕低温。冷冻干燥可保藏数年。对碘胺类药物和四环素、红霉素、氯霉素等抗生素敏感，对干扰素敏感。

支原体是介于细菌和立克次氏体之间的一类原核微生物。1898年被发现，1976年才被确定其分类地位，它具有以下一些特点。

支原体是已知的可自由生活的最小生物，细胞呈球形（最小直径0.1微米）或丝状，长短不一，长度从几微米到150微米。

支原体突出特点是不具细胞壁，只有细胞膜，所以，细胞柔软，形态多变。因细胞柔软且具扭曲性，致使细胞可以通过孔径比自身小得多的细菌滤器。其细胞革兰氏染色阴性；细胞膜类似于动物细胞，其中含固醇。通过电子显微镜和生化分析，得知细胞膜厚7～10纳米，由三层组成，内层和外层均为蛋白质，中层为类脂和胆固醇；具有拟核，基因组比大多数原核生物小，相对分子质量在4×10^8和1×10^9之间，与立克次氏体和衣原体相近；细胞质中含有大量的核糖体。

典型的支原体菌落如"油煎蛋状"，中间密集较厚，颜色较深，并陷入培养基，边缘平坦，较薄而且透明，颜色也较浅。在低倍的光学显微镜或解剖镜下可见。

支原体广泛分布于土壤、污水、温泉或其他温热的环境以及昆虫、脊椎动物和人体内。大多腐生，极少数是致病菌。如传染性牛胸膜肺炎便是由蕈状支原体引起的；绵羊和山羊缺乳症则是由无乳支原体引起的。支原体一般不使人致病，至今确认的只有肺炎支原体会引起人类原发性非典型肺炎。

酵母菌

　　酵母菌具有一个真正的单细胞，有细胞壁、细胞膜、细胞质、细胞核，有线粒体、叶绿体、核仁及中心体。它是具有真正细胞核的真核微生物。酵母菌多数以出芽方式繁殖，有时也进行裂殖或产生子囊孢子。它利用发酵糖类而产能；细胞壁含有甘露聚糖；喜欢在高糖、偏酸的水生环境生长。

　　酵母菌与人类关系极为密切。它是人类的"家养微生物"，同时又是发酵工业的重要微生物：利用酵母能分解碳水化合物，产生酒精和二氧化碳等性能来酿酒、制作面包。在工业废水废料如玉米浆、淀粉厂下脚料、味精厂废液、啤酒厂废液和造纸厂废液中培养酵母菌，可生产饲料酵母。

　　酵母菌的蛋白质含量可达干重的50%，其蛋白质氨基酸组分与牛肉相近，营养价值很高，是动物蛋白的重要来源。

解脂酵母能发酵石油，使石油脱蜡，除去石油中的正烷烃，降低其凝固点。

酵母菌发酵废液一方面收获酵母，一方面治理"三废"减少污染，保护环境，一举两得。

从酵母菌中提取的B族维生素、核糖核酸、辅酶A和细胞色素C以及麦角甾醇等是重要的医药原料和产品。

酵母菌广泛分布在自然界，种类到目前已知的大约超过370种。

其形状大小随种类而异，有圆形、卵形、椭圆形、柠檬形、尖形等。其大小约是细菌的10倍，直径2～5微米，长度5～30微米，最长达100微米。

酵母菌以出芽方式为主来进行繁殖。首先细胞核附近的中心体产生小突起，在水解酶的作用下细胞壁变薄，细胞表面突出，逐渐冒出小芽。然后增大和伸长的细胞核、细胞质及细胞器进入芽内，最后芽细胞从母细胞得到一整套核物质、线粒体、核糖体和液泡等，当芽长到母细胞大小时与母细胞脱离，形成新个体。有的酵母菌芽长大后也不脱落，芽再出芽，母细胞也出芽，芽出芽串成串，形成假菌丝。这就是假丝酵母的由来。

酵母裂殖是细胞核长、核分裂，中间产生隔膜，细胞一分为两。

有性繁殖是两个细胞相互接合，这两个细胞性别不同，都是单倍体，各伸出一管状突起相互搭配，逐渐溶合，形成双倍体。双倍体的接合子可在接合桥垂直出芽将双倍体的核移入；芽脱落后又开始双倍体营养细胞的生长繁殖。所以，酵母菌既可是单倍体，又可是双倍体，它们却可单独存在。

ok

病毒

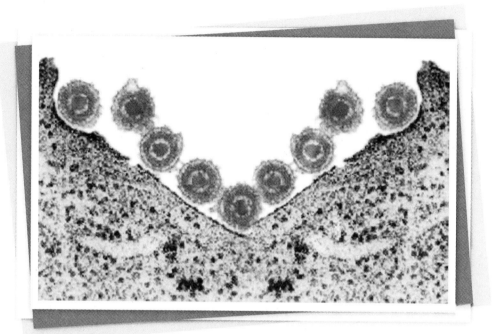

　　病毒是世界上迄今为止最小的生物，也是最小的微生物，它们没有细胞结构，但具有遗传、变异等生命特征。它们能顺利地通过细菌过滤器，只有在电子显微镜下才能观察到它们的形态与构造。它们只能在寄主体活细胞内生长繁殖，每种病毒都有特定的专一寄主，很少交叉感染；由于它们没有细胞结构，所以实际上它们是被有机膜包着的蛋白质及核酸大分子。对一般抗生素不敏感，但对干扰素敏感。

　　病毒分布广泛，几乎所有生物都可以感染病毒。通常有三类：植物病毒、动物病毒和细菌病毒（也称噬菌体）。已经发现的人类病毒有300多种，脊椎动物病毒有931种，昆虫病毒有1671种，植物病毒有600余种，真菌病毒有100种，而噬菌体少说也有2850种。当然，这些多半是10年前的统计，现在这些数字肯定保守得多了。

病毒寄生在活细胞内，如果寄主是人或对人有益的动植物，就会给人类带来巨大的侵害；如果寄主是对人类有害的动植物，那么，就会对人类有益处，这也包括微生物。

　　病毒大小以纳米表示，一般为100纳米以下。动物病毒为球形、卵形或砖形。痘病毒最大，一般为200～350纳米×200～250纳米，近于支原体。最小的口蹄疫病毒，直径仅10～22纳米，相当于血红蛋白分子大小。植物病毒多为杆状、丝状、球状。如苜蓿花叶病毒长约58纳米，甜菜叶病毒长约1250纳米。噬菌体呈蝌蚪状、微球形、丝形。

　　病毒，主要由蛋白质和核酸组成，动物病毒有DNA和RNA，植物病毒多为RNA；噬菌体多为DNA。核酸有双链和单链两类。一般每个病毒粒子只含一分子核酸，核酸长度每种有一定数，由100～250 000个核苷酸组成，最小的病毒少于10个基因，最大的病毒有几百个基因。蛋白质是不同病毒所含种类不同，一般也只一种，少数一种以上。

　　病毒结构有衣壳粒，对称、有规律排列，也叫衣壳。衣壳内为核髓，由内核酸组成。核髓与衣壳合称核衣壳，有裸露和被膜两类。

　　具感染性颗粒为病毒粒子，其组合方式决定病毒粒子的构型和形状。如衣壳粒沿三根垂直的轴排列成20面体的20面体病毒粒子，每面等边三角形，有30条边、12个顶角。而腺病毒的衣壳是个典型的20面体，共由252个球形的衣壳粒排列成一个有20个面的对称体，其中240个衣壳粒是空心的。每个衣壳粒由多肽构成六边形，各个衣壳粒与6个衣壳粒相邻。位于20面体顶角的12个衣壳粒是由多肽构成的空心五边形，各自与5个衣壳粒相邻。

藻类

藻类是孢子植物的一部分。在植物中它属于低等植物。它不开花,不结果,没有根、茎、叶。藻类一般都相当微小,其中有不少种类需借助显微镜才能看到。但有一部分海生藻类体型较大。

藻类的繁殖有两种方式,一种为无性生殖,分裂、出芽都可以产出新的个体;另一种为有性繁殖,产生同形或异形配子以及卵和精子,通过同配、异配和卵式生殖产生新个体,繁衍后代。

藻类植物为单细胞、群体或多细胞组成的机体,构造简单,分布主要在淡水和海水中,绝大部分没有离开水生环境,只有少部分生活于陆生环境,如土壤、岩石、树干等处。

藻类很重要,是宝贵的自然资源,也是人类生产生活中时刻都不可缺少的,同时它们也是生态系统的有机组成部分。

江河湖海中的藻类是水生生物的主要饵料；相当多的藻类是人类的高级食品、补品，如海带、紫菜；有些则是药用和工业用的原材料，如鹧鸪菜、石花菜。

藻类同高等植物一样，机体内富含叶绿素，还含有许多其他辅助色素，科学家们就根据所含色素的不同，细胞结构的不同，生殖方法、生殖器官及繁育方式的不同把它们分门别类地归纳起来，这就是蓝藻门、眼虫藻门、金藻门、甲藻门、黄藻门、硅藻门、绿藻门、轮藻门、褐藻门以及红藻门的由来。

藻类来源于单细胞生物，藻类中的很多种类构造极其简单、原始，其中还有一部分仍然保留着单细胞生物的某些特性，如衣藻。

藻类中的盘藻、团藻都是单细胞的群体，它们甚至是生物进化中产生原肠虫、吞噬虫的基础生命体。

从藻类中有鞭毛的类群来讲，它们既是植物也是动物，能在水中运动，如眼虫，但同时它们有叶绿体，能进行自养。它们的这些特点证明它们是动物界、植物界最原始的生物类群，是动物、植物的共同祖先。

从藻类的分化、演变可以找到原始生物向动物、植物演化的蛛丝马迹，可以看到生物进化的某些规律。藻类具有十分重要的分类地位，也具有相当重要的生态价值和经济地位。对藻类的研究会愈来愈广泛。

第二章　真菌

在自然界，低等植物同高等植物一样是生态系统的重要组成部分，是营养物质和能量的重要源泉。比如在森林生态系统中，真菌的生态位置主要在林下，它们能够把粗大的风倒木、深厚的枯枝落叶腐蚀消化成土壤中的碳、氮及各种小分子化合物，成为土壤中的营养物质来供高等植物吸收、利用。所以，低等植物中的真菌是自然界动植物死后机体的分解者，是大自然的保洁师，没有它们，地面上早就尸骨如山，再没有其他生物活动的空间。

真菌是低等植物中一大门类，它包括的种类多，分布广。它们之中有很多是常见的，如蘑菇、香菇、木耳、银耳、灵芝等，不但常见而且常吃常用。真菌比藻类又进化了，它们大部分脱离了水生环境，来到陆地上"安家落户"。尽管有些种类营腐生或寄生生活，但总起来说比水生生活更自由了。

真菌的菌体由单细胞组成，有的由单细胞发育成多细胞菌丝，大多数菌丝能发展成子实体，子实体就是我们吃用的部分，如蘑菇的柄和帽或伞，木耳的肉质"叶片"。

真菌不具叶绿素，不能自制营养，靠从基质或寄主体内吸取营养而生长、发育。有些真菌与藻类共生形成地衣类植物，这是真菌中的特化现象。

真菌的繁殖有多种多样方式，借孢子繁殖，进行同型配子、异型配子或卵式生殖的有性繁殖均有。高等真菌中则形成了囊孢子和担孢子。

真菌中的霉菌类、酵母菌类相对来说构造简单，在真菌中比较原始，比较低等，也叫低等真菌；而蘑菇类往往子实体肥大，为了把它们与微小的真菌分开，往往管它们叫高等真菌。实际上高与低是相对的，没有截然界限。

已知的高等真菌不少于6000种，其中可食用的约600种以上，药用的更多。我国的高等真菌大约有400多种可供食用，200多种可供药用，约占真菌种类的1/10。

真菌共分四纲，即藻菌纲、子囊菌纲、担子菌纲和半知菌纲。其中担子菌纲占绝大多数，其次是子囊菌纲、半知菌纲和藻菌纲。

真菌的繁殖和生活史

　　在自然界，真菌的繁殖以孢子为主，而菌丝体或菌核则是越冬的形态。环境适宜，菌丝吸取营养后便会长出子实体，子实体成熟后释放出孢子，这样的繁殖方式叫有性繁殖。如果条件对真菌生长不利，则菌丝死亡，有时还会产生无性孢子，以此来度过不良时期。也会采取休眠体形式度过不良环境，待条件适宜时再恢复生长，这种繁殖方式叫无性繁殖。真菌的生活史就是由有性繁殖和无性繁殖两个部分组成的。

　　真菌的生活史由孢子开始，首先孢子吸水胀大，不久从孢子的表面长出芽管，芽管发育到一定时间便从顶端产生分枝，分枝再长分枝形成菌丝体。

　　菌丝开始会含有多个细胞核。每个细胞核很快变成一个单核菌丝，有的可能具有双核，因此，人们叫它们双核菌丝。

菌丝发育成一定阶段开始进行质配，使细胞双核化。也有人管单核菌丝叫初级菌丝，双核菌丝叫二次菌丝，双核菌丝也叫异核体。异核体发育到一定阶段便形成子实体。

子实体继续发育经过核配，即两核合并形成单核双倍体，经过减数分裂在担子上产生4个担孢子，或在子囊中产生8个子囊孢子。由此，真菌的生活史便告一段落，从孢子开始到新的孢子产生，整整完成了一个世代。

菌类大多为多细胞，其个体由菌丝构成，菌丝会侵入寄主或附着物内，分泌酵素，使食物分解为小分子后，再行吸收。菌丝顶端可产生孢子，借由孢子飘散以繁殖。

真菌曾长期归入植物界中成为1个门，但它们不含叶绿素，营异养的生活方式以及细胞壁的结构等和绿色自养的植物有很大差异，故许多学者主张将真菌从植物界中分出，和黏菌一起成为真菌界。现在真菌作为1个门，为一群具有真核的低等异养生物，约有10万种以上。通常将其分为藻菌纲、子囊菌纲、担子菌纲和半知菌纲。

真菌的营养方式

　　真菌体内不含有叶绿素，不能在阳光下制造有机物，所以也不能制造营养。宇航食品所以选择藻类，是因为藻类体积小，它细胞内含有叶绿素能自制营养。这就是说只要有阳光它就能制造出营养物质，这与高等植物的功能和原理是一样的，但是高大的作物无法携带到宇宙中去，何况它们生长周期长，结一次果需要上百天时间。藻类就没有这些麻烦，它每时每刻都能自造营养，收获一茬又长出一茬，源源不断，它体积小，不占地方。所以，藻类是最理想的宇航食品，难怪人们看好了螺旋藻，这是有道理的。

　　与藻类不同，真菌的营养是异养型的，它主要通过菌丝细胞表面的渗透作用，来从周围自然界的基质中吸收那些可溶性养料。这是大自然的巧妙安排，在自然界生态系统中，真菌在食物链结构中扮演的角色是由它来完成对死亡的植物体的分解、消化。再将分解成的有机质还原给供植物生长的土壤，当初这些营养物质正是由植物从土壤中吸取而来的。现在由真菌来完成这个还原任务，所以，真菌是食物链结构的还原者。如果没有真菌，那么如今的自然界早已可能被植物尸体所覆盖。

真菌的异养有三种方式，腐生、寄生和共生。

所谓腐生，就是从死亡的或濒临死亡正在腐烂的植物体上来吸取营养，维持自身的生长和发育，并完成自己的世代。腐生包括腐木、粪草生、腐殖土生。腐木生的有风倒木、枯立木、病腐木、断枝残桩等，其中又多以阔叶树为主。如柞树、榆树、椴树、槐树、柳树等最容易被真菌着生。腐殖土中的真菌也不少，如粪堆上或粪堆底土上容易长鬼伞、马勃。野草堆腐烂后更是草菇的好生境。

寄生是寄居在活的植物体上，从其他生物体的活细胞中吸收营养，如密环菌——天麻。

共生真菌更叫人折服，真菌不但与植物，而且与动物，与其他菌类组成共生关系。如菌根菌、菌丝具有更大的吸收表面积，可以帮助植物从土壤里吸收水分、养料，并能分泌激素刺激植物根系的生长；植物能为菌根菌提供光合作用所合成的碳水化合物。这些真菌往往具有独特的药用价值，如名贵的松口蘑——松茸就属此类。

真菌与昆虫共生，如著名的白蚁栽菌和冬虫夏草都是典型例证。我国南方白蚁分布区生长有一种珍贵的鸡土从菌，专门长在蚁冢上，白蚁喜欢鸡土从菌和白色菌丝球，鸡土从菌以菌柄伸入土层以蚁巢为营养，互利互惠。冬虫夏草是虫草菌侵入蝙蝠蛾幼虫，虫草菌在幼虫体内发育，最后幼虫僵死完全成为虫草培养基质，待子实体从虫体一端长出时，虫草完成了生长发育，而蝙蝠蛾付出生命代价。

真菌生长的理化条件

　　真菌与其他植物一样，生长发育不但需要一定的营养，而且需要适当的生长环境，两者缺一不可。

　　所谓营养，即碳源、氮源、无机盐和生长素，通称为生长四要素。

　　碳源就是细胞代谢时需要糖的来源。糖来自碳水化合物。而碳水化合物来自纤维素、半纤维素、木质素、淀粉、果胶、戊糖、醇和低分子有机酸。碳水化合物经真菌菌丝细胞所产生的胞外酶，分解成葡萄糖、阿拉伯糖、木糖、果糖等。

　　氮源则主要是能被菌丝吸收并利用的含氮化合物的来源。菌丝细胞通过含氮化合物与碳水化合物，合成蛋白质与核酸来补充自己在新陈代谢过程中对蛋白质及核酸的消耗。

　　在真菌培养中，往往采用尿素、硝酸盐来补充氮源不足，可以增产。

菌丝生长阶段氮含量以0.016%～0.064%最好。

真菌生长需要碳，也需要氮，各需要多少？这就是通常所说的碳氮比。一般来说真菌生长阶段以20：1(C／N)较好；繁殖阶段30～40：1皆可。但不可千篇一律，如草菇40～60：1；香菇25：1，要区别对待。

无机营养又叫无机盐，它也是真菌细胞代谢中不可缺少的重要成分，只是用量很少，又称微量元素，它们有磷、钾、硫、钙、镁、铁、钴、锰、铜、硼等，来源于矿物提取。

维生素是生长发育的刺激素、调节剂，也是真菌生长发育中不可缺少的，如维生素B_1、B_2、B_6、B_{12}，维生素PP等。

真菌生长的环境条件是温度和空气相对湿度。孢子的产生与生长发育对温度的要求域值很大，有的0℃～15℃即可；有的15℃～24℃才行。像草菇孢子萌发温度上限可达45℃。子实体分化和生长比菌丝体生长要求的温度要低，但子实体生长比原基分化温度要高。比如蘑菇菌丝在25℃时生长最好，但子实体分化要求温度为16℃左右，最宜13℃～18℃，超过20℃则停止生长。

真菌对温度反应灵敏，要求苛刻，但有恒温型和变温型区别。恒温型如猴头、灵芝、木耳、草菇等；而变温型如香菇、平菇、金针菇等，经低温处理能促进原基分化，有利于子实体形成。

真菌细胞新陈代谢时离不开水分，子实体生长，菌丝体发育需要充足的水分。蘑菇菌蕾形成后到子实体成熟，无论细胞生长，养分运转都离不开水。

基质含水量是所需水分的来源，通常基质含水量在60%左右。如蘑菇播种时，堆肥最适含水量为60%～65%，高或低都会造成减产。

真菌的地位

026

　　真菌在植物界的地位绝不亚于高等植物，它们除了食用、药用外，也和绿色植物一样有不可替代的生态价值。

　　我国劳动人民认识真菌、利用真菌乃至培育真菌少说也有2000多年的历史。

　　真菌所以受到如此青睐，首先是因为真菌本身的化学成分十分特殊。比如菇类，它们所含蛋白质的份额远远高于蔬菜，而且有些蛋白质和其他营养成分是蔬菜所没有的。据测定，鲜菇蛋白质含量约为1.5%～6%之间，而干菇甚至高达15%～35%。个别种类能达到44%。有人称菇类是植物肉，实际上1千克蘑菇所含的蛋白质相当于2千克瘦肉，3千克鸡蛋，12千克奶牛。

　　大多数可食用真菌中都含有人体所必需的八种氨基酸，这在人类可食用物质中是很少见的。

菇类也是天然食品中维生素的主要来源。如蘑菇、紫晶蘑、木耳等富含维生素B_1；鲜菇中维生素C含量每100克中达206.27毫克；天麻中含有丰富的胡萝卜素；四孢蘑菇中则含有维生素PP及烟酸。

真菌中含有的微量元素也是相当可观的，如木耳中的铁、银耳中的磷、很多菇类所含的硒，都是人类补充矿物质元素的最佳途径。

有科学家预言：食用菌是21世纪人类食物的重要来源。

真菌入药始于汉代。现在伞菌、多孔菌、腹菌等几百种真菌更被开发为提取某些顽症的良药。

比如灵芝，它是传统滋补强壮药物，近年又开发出用它攻治气管炎、高山病、肝炎、冠心病、溃疡等多种药物。茯苓方剂自古有渗湿利尿、健脾安神功用；冬虫夏草更被称为补王，被用做强壮剂、镇静剂，又有南方人参之美誉。

日本人习惯于将云芝、裂蹄层孔菌、树舌子实体等切成15毫米厚的小片，每天以15克片剂加5000毫升水煮成饮料，据说服用后对身体大有益处，不但可以扶正固本，而且可以防癌健身。

真菌的生态价值在于它们在生态系统中作为食物链结构中的一环，其食物流的分解还原作用是不可替代的。没有真菌，森林难以更新，土地不能肥沃。真菌是大自然的组成部分，保护和利用真菌是人类的责任。

藻菌类

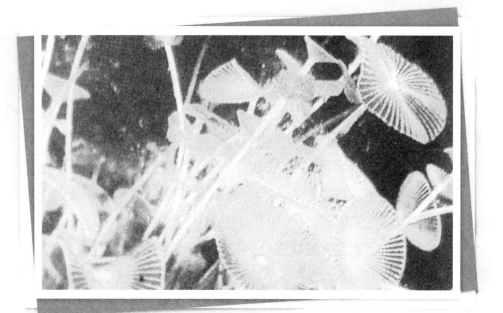

　　藻菌类属于真菌门、藻菌纲。似藻的真菌，比较低等，保留藻类的某些特征。如具有多核的丝状体，水生等。但也有相当多的种类营腐生、寄生和陆生生活，特征上也更像真菌。

　　常见种类有水霉，寄生在鱼的身体或卵上；白锈霉，寄生在十字花科植物上，引起白锈病；甘荽霜霉菌，寄生在十字花科蔬菜上；毛霉，腐生在食物、皮革等腐烂的有机物上；根霉，腐生在面包、腐烂的果品、蔬菜等上。还有许多种类甚至寄生于昆虫及某些原生动物身体上。

　　水霉，藻菌纲、水霉科。这类霉菌主要生在水中动物、植物身上或动植物尸体上。菌丝无隔而具分枝。无性繁殖时，菌丝顶端膨大，并产生横壁，形成游动孢子囊，产生具双鞭毛的游动孢子。有性繁殖时，通过精子囊和卵囊，生成卵孢子。水霉种类很多，其中寄生在鱼身上的对养渔业构成危害。

毛霉又叫白霉，藻菌纲、毛霉科。其主要特点是菌丝分枝很多，无假根，在孢子囊梗的顶端着生孢子囊，内生无性孢子囊孢子。有性繁殖形成接合孢子。

毛霉营腐生生活，主要生长在食物上、粪堆上、土壤和潮湿的衣物上。也就是说有机质丰富的地方和有机物上。毛霉能分解纤维和蛋白质，也就把淀粉分解为糖，故在发酵工业上利用其糖化作用制取酒精。

黑根霉，也叫面包霉，毛霉科。菌丝初期白色绒毛，一般分匍匐枝和直立枝两种，在匍匐枝与直立枝相连处生有假根伸入基质。生长后期直立枝的顶端生出黑色孢子囊，成熟时散出孢子囊孢子，在适宜的环境中子囊孢子萌发形成菌丝。有性繁殖为一宗配合，生成接合孢子，这种情况很少见。

黑根霉生长于腐烂水果、食品等潮湿的有机物上。

有一种玉米黑霉，既是玉米的主要病害，又可用来预防和治疗肝脏系统和胃肠道溃疡，它又叫玉米黑粉菌。这种玉米黑霉是生长在玉米植株上的一种寄生真菌。孢子堆的大小、形状不定，多呈瘤状，通常多发生在叶片和叶鞘衔接处、近节的腋芽上、雄花穗或雌花穗上。虽然它是玉米的主要病害之一，但它的培养液中含有谷氨酸、赖氨酸、丙氨酸、精氨酸等16种氨基酸，经加工制成蜜丸，常吃能助消化和通便。

子囊菌

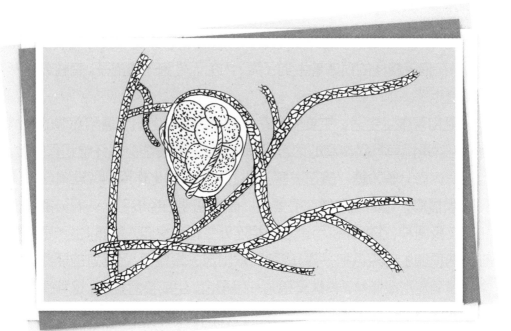

　　子囊菌在真菌中是比较高等的一纲。除少数种类如酵母菌为单细胞外，均为具分枝、有隔的菌丝所组成。有性繁殖多形成有盖或无盖的、棒状或卵形的子囊，通常内生 8 个子囊孢子，个别情况也有 4 个至多数的。

　　子囊菌一般腐生或寄生，代表种如酵母菌、红曲霉、麦角菌、冬虫夏草、羊肚菌等。

　　白粉菌，植物的嫩枝、新叶上长的白粉病就是由白粉菌致病感染而成的。感染的病叶、嫩枝表面布满白色菌丝，同时有大量分生孢子，状如白粉，故名白粉菌。植物感病后干枯，枝、叶死亡脱落，严重时整株植物死亡。白粉菌有性繁殖时产生闭囊果，内含一个以上的子囊，果外生有丝状附属丝。常见的白粉菌有蓼属白粉菌、禾谷白粉菌等等。

　　赤霉菌产生赤霉素，也叫"九二〇"，20 世纪七八十年代曾经被广泛推广使用，几乎家喻户晓。赤霉素是植物的生长素，对植物生长有明显的促进作用。赤霉素甚至可作为农药抑制某些植物疾病。但是，作为致病微生物的赤霉菌能引起水稻、小麦产生赤霉病，同样能造成作物减产。比如常见的小麦赤霉病、稻恶苗菌赤霉病，寄主被感染后，受害部分出现粉红色病斑。赤霉菌无性繁殖时产生有隔的分生孢子，分生孢子呈新月形。有些种类有性生殖时产生的子囊壳有毒，不可误食。

麦角菌也是属子囊菌纲的霉菌，麦角菌科。常见的黑麦、小麦、准麦、鹅观草等禾本科植物的子房部分发生的病害均为麦角菌所为。春夏季节，麦角菌的子囊孢子往往借风力或昆虫携带，会把病菌传播给正在开花的麦类柱头上，萌发后通过花柱侵入子房，经"蜜露"时期形成菌核。菌核坚实，呈角状，内部白色，外表暗青紫色，通称麦角。麦角可入药，用于止血和子宫收缩剂。

子囊菌类的种类超过3万种，它们会在一种称为子囊的囊状细胞中产生单套的囊孢子。构造最简单的为单细胞的酵母菌，它在有氧的情况下，可快速出芽生殖，并将糖分解，产生水和二氧化碳；但在缺氧时它也可以分解糖而产生二氧化碳和酒精。有一种商业上很重要的酵母菌，利用发酵作用所产生的二氧化碳可以使焙制的面包、糕饼松软，酒精则在焙制时送出。

冬虫夏草

冬虫夏草也叫虫草，属子囊菌纲，麦角菌科。虫草上百种，是因麦角菌侵入昆虫后在昆虫体内发育长出的子实体。麦角菌生活于土壤里，昆虫越冬后钻入土壤而感病，翌年的虫子变成了虫草子实体。因子实体细长如草，故名冬虫夏草。由于昆虫越冬时不同虫种越冬虫态不一样，有以卵越冬的，有以成虫越冬的，有以蛹越冬的，还有以幼虫越冬的。不论哪种虫态都有被麦角菌感染致病的可能，因此，冬虫夏草的形态也千差万别。

通常说的冬虫夏草是产于四川、云南、西藏、甘肃、青海的青藏高原上。在高山草地上有一种昆虫叫蝙蝠蛾，它以幼虫在土里越冬，因此，这种冬虫夏草呈墨绿色，子实体长15厘米左右，虫子僵硬，如同虫子叼着一棵草。

东北的长白山有一种半翅目昆虫，成虫被感染后长出的虫草是橘红色，虫子是长翅的成虫。有的从蛹身上长出的子实体叫蛹虫草。

也许人们认为青藏高原产的冬虫夏草正宗。因为它是绿色，与草同色，尽管深绿浅绿有所不同，但毕竟是绿，故叫草是对的。而其他虫草色不绿，虫子不是幼虫。往往就以为这不正宗，其实大错而特错了。它们不但都是名副其实的虫草，而且成分差别也不大，入药作用俱佳。

昆虫如蚂蚁、蛾的幼虫或蝶蛹等被虫草属的孢子沾上，孢子在虫体内或虫体外萌芽成长，菌丝体吸收营养生长，渐渐占据整个虫体，使虫僵死，越冬至初夏，即从虫体内冒出一根根黄色、棕色或黑色的子实体，所以冬天看它是一只僵死的虫，到夏天却变成像植物的真菌，这就是冬虫夏草名称的由来。中华冬虫夏草常被用做中药，有补肺益肾的功效，它原产于中国内陆的西藏高原、四川和青海，现在云南地区也有人工栽培。

ok

担子菌

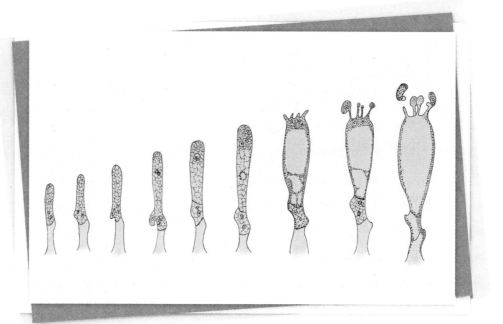

在真菌中，担子菌是最高等的一类。

它们的菌体都由分枝、有隔的菌丝组成。主要特征就是具有"担子"。

什么是担子？它是产生繁殖细胞担孢子的构造，由多细胞或单细胞构成。由多细胞构成时往往由4个细胞组成。一是4个细胞上下相连，各细胞侧生一小柄，柄上生一担孢子，如木耳；一是4个细胞并列，仅基部相连，各细胞顶端生一担孢子，如银耳。由单细胞组成时呈棒状或柱状，只有一个细胞，担孢子顶生于担子的小柄上，如蘑菇。担孢子是繁殖细胞。一般每个担子上生4个担孢子，但也有生1～8个的。有性繁殖产生担孢子，担孢子萌发后生成新的菌体。

无性繁殖产生分生孢子，分生孢子是一种外生的无性繁殖细胞，细胞壁很薄，也称薄壁细胞，如青霉、曲霉和白粉菌。分生孢子的形状因种

类不同差异很大，这往往成为鉴定真菌种类的依据。

有趣的是担子菌中一部分种类只有同一母体的菌丝才能进行配合，叫同宗配合；但大多数担子菌是异宗配合，由不同母片所产生的菌丝才能相互配合。如黑根霉，两个母体和菌丝虽然外形相似，但生理特性却不一样，当这两种菌丝相遇时才能进行接合生殖，产生的繁殖细胞叫接合子。

担子菌的子实体由菌丝组成，不同种类的担子菌的子实体其形状、大小、色泽各不相同。

担子菌类如蕈类、蓝子菌、马勃菌、锈菌和黑穗病菌等，它们的子实体称为担子果，其上有担子柄，担子柄有担孢子。孢子落到适宜的地方，便萌发长成单套的菌丝体，两种相邻生长且能相交配，菌丝体之间会发生细胞质融合，形成双核的菌丝，在适宜的情况下，会形成子实体，子实体的菌丝末端的细胞发生核融合，形成合子后，经减数分裂，产生单套的孢子，接着便随风飘散。日常食用的子菌类还有草菇、金针菇、鲍鱼菇和茯苓等。

担子菌中包括很大一部分食用菌、药用菌，如香菇、木耳、蘑菇和茯苓、雷丸、马勃、灵芝等。也有不少种类是植物的病原真菌，如黑穗菌、锈菌、多孔菌等。

总之，担子菌既可利用，又有危害，所以趋利避害，科学开发合理利用才能事半功倍，收到最佳效益。

ok

黑粉菌

黑粉菌属担子菌纲、黑粉菌目、黑粉菌科。

该菌寄生于禾本科植物的叶、茎、茎节、子房、花药或花穗上。菌丝体寄生于寄主组织内，促使寄主组织膨胀，畸形发育，穿孔或形成肿瘤或产生病斑。

菌丝体无色、无隔，有分枝，但成熟后消失。厚担孢子为单胞、单生、对生或集合成孢子堆。厚担孢子呈近球形，色黑或紫褐，壁厚。孢子萌发时产生担子，担子产生担孢子。

玉米黑粉菌，孢子堆可在寄主任何部位形成显著、不规则的瘤状，长可达10厘米以上，表面包有一层由菌丝构成的白色或带红色的皮膜，皮膜破裂后放出大量孢子。孢子呈褐色，圆形或椭圆形，有钝刺，直径8～12微米。初期外面有一层白色膜，往往由寄生组成，有时还带黄绿色或

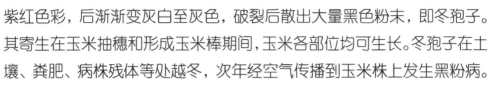

紫红色彩，后渐渐变灰白至灰色，破裂后散出大量黑色粉末，即冬孢子。其寄生在玉米抽穗和形成玉米棒期间，玉米各部位均可生长。冬孢子在土壤、粪肥、病株残体等处越冬，次年经空气传播到玉米株上发生黑粉病。

该菌生长在玉米植株任何部位。孢子未成熟前可食。

玉米黑粉菌分布于我国的东北、山东、四川、广西等地。

轴黑粉菌，孢子堆大多生于寄主花序或子房内。如高粱的乌米。可食用。

高粱丝黑粉菌这种菌寄生于高粱的花序内，形成不规则长约15厘米的团块，最初有薄膜包住，膜破后露出生于花序残片周围的黑褐色孢子。孢子最初结成孢子团，后散开，呈球形至近球形，红褐色，有密而细的小刺。该菌寄生于高粱花序内，菌体发育后花穗几乎全部为菌丝体所代替。可食用。

高粱丝黑粉菌分布于我国的黑龙江、吉林、辽宁、河北、河南、山东、山西、四川、江苏等地。

我国植物病理、植物病毒学家王鸣岐（1906—1995）从生物学和细胞学入手，发现玉米黑粉菌异源菌丝细胞的异宗配合，明确了核配及减数分裂是黑粉菌有性繁殖的基本特征。这为研究玉米黑粉菌分化和新生理小种形成提供了科学依据。

木耳

　　木耳是担子菌纲、木耳科、木耳属。本属约含4种真菌，即木耳、毛木耳、毡盖木耳、褐毡木耳。

　　木耳类真菌的特点是子实体平伏反卷；担子呈栅状排列或散生在菌丝层上，有时有原担子，横向分隔为4个细胞，各生一个长形的小梗担，担孢子着生于小梗顶端，无隔。子实体基部狭窄，形状有朵形、杯状、耳状或叶状。全部为胶质或子实体呈胶质。子实层平滑，有皱褶、网络。子实体的不孕面有毛，毛无隔，分无色或有色。

　　木耳，子实体薄，具有弹性，胶质，中凹，呈盘形或耳形，干后收缩强烈。子实层光滑或略带皱纹，棕褐色，干后呈褐色。外面有短毛，青褐色。孢子无色，光滑，呈弯长方形或圆柱形。木耳生长在柞树、楸子、榆树、椴树等阔叶树的腐木上，密集丛生，为东北著名山珍食品。可人工栽培。分布在我国东北、云南、西北、华东各省。

毛木耳，子实体胶质，初时为浅杯形，渐变成耳形或叶形。干后软骨质，大部平滑，基部常有被褶，直径为10厘米左右，干后收缩强烈。子实层生里面，平滑或稀有皱纹，紫灰色后变黑色。比木耳绒毛长，无色，仅基部褐色，常成束生长。孢子无色、光滑，呈圆筒形。生长在柳树、桑树、洋槐等树干、倒木或腐木上。丛生，可食。

毛木耳与木耳很相似，主要区别是毛木耳厚、毛长，吃时较脆，味道差。分布在我国东北、河北、西北、内蒙古、广东、广西、安徽、江苏、江西等地。

毡盖木耳，子实体平伏或半平伏，常复瓦状叠生，半胶质，较硬，边缘波状，稍有浅裂。直径5～15厘米。表面松软，有污白色与深褐色至黑褐色的同心环纹，绒毛层厚约1毫米。绒毛不分叉，无隔、无色，只是基部浅黄色，互相交织形成非胶质层。子实层生于下面，胶质，干后脆骨质，暗褐色，干后呈黑褐色，平滑，有网状皱纹。生长在柞树、榆树、杨树、胡桃楸等阔叶树的枯立木、倒木或伐根上。可食，味差。分布在我国黑龙江、吉林、内蒙古、河北等地。

褐毡木耳，子实体平伏而反卷，反卷部分1.5～3.5厘米×2～6厘米。往往相互连接呈覆瓦状。表面松软，橙褐色，有同心环纹，有绒毛，老时渐光滑，并退为淡灰褐色。子实层为深褐色至灰黑色，边缘为肉褐色或较深。有辐射状皱纹和小疣。毛较长，褐色，直径3.5～4.5微米，互相交织形成厚达1微米的非胶质层。生长于柞树、槭树等枯立木上，可食。分布在我国吉林、内蒙古、河北等地。

多孔菌——茯苓

　　多孔菌属担子菌中一大类群，分5科13属之多。

　　其特点是子实体分肉质、木质、木栓质、革质、膜质等，也有胶质。子实体外露，逐渐扩展。担子不分隔，往往棒状，通常生有4个小梗；担子间常有囊状体或刚毛。

　　其代表有革菌科、珊瑚菌科、喇叭菌科、齿菌科、多孔菌科。

　　革菌科1属，绣球菌属，代表为绣球菌。

　　珊瑚菌科4属，即杯珊瑚属、丛枝菌属、仙树菌属、珊瑚菌属。

　　珊瑚菌属如白珊瑚菌、杵棒菌、豆芽菌；仙树菌属如鸡冠珊瑚；杯珊瑚菌属如杯珊瑚菌；丛枝菌属如密枝木瑚菌、冷杉枝瑚菌、葡萄状枝瑚菌、白丛枝菌、丁香丛枝菌、黄丛枝菌及褐丛枝菌。

　　喇叭菌科的属，即漏斗菌属、鸡油菌属；代表种为灰号角、鸡油菌。

齿菌科有3属，即猴头属、齿耳属、齿菌属，代表种有猴头、小刺猴头、假猴头、长列白齿耳、齿菌。

多孔菌科有3属，即干酪菌属、大孔属、多孔菌属，代表种有硫黄菌、宽磷大孔菌、猪苓、白树花、毛仙几。

茯苓是多孔菌中的著名中药，也是担子菌的一种，入药部分为菌核。长在砂质土壤的赤松、黑松根际，生境必须气候凉爽、干燥，向阳坡处。沿根蔓延，适当的地方方结茯苓。一般埋于土中深度为50～80厘米，海拔高度700～1000米之间，坡度10～35度为宜。

茯苓的子实体很少见，菌丝体在土壤中缠绕结集成菌核，子实体生长在菌核表面，平状、肉质、白色，厚3～8厘米，干后变淡褐色；菌管密，长2～3毫米，管壁薄，管口呈圆形、多角形或不规则形，口缘为齿状，孢子呈长方形近圆柱形，平滑，有一歪尖。

菌核呈球形、椭圆形或南瓜形，也有不规则块状的，较大，质坚硬，直径20～30厘米，重达1～15千克不等，内部较外部稍软。有厚而多皱褶的皮壳，表面褐色或红褐色，内部粉红色，干后变硬，皮壳极度皱缩，呈黑褐色。

采集茯苓一般要在每年八九月份，挖出后洗净擦干，放在不通风处，盖上草使其"发汗"，5～8天后将草去掉，摊开在凉爽处慢慢干燥。干后还要再进行"发汗"，反复三四次后，表皮即变成深褐色且出现皱纹，此时再风干。风干后的菌核再削去外皮，切片晒干，即为中药可用的茯苓。

茯苓性平味甘，能利五脏、助消化、滋补、抗瘤。

多孔菌——珊瑚菌

　　珊瑚菌子实体多数为肉质，少革质，偶尔个别种类有脆骨质或蜡质，棒状，圆柱形或分枝呈珊瑚状。

　　豆芽菌，子实体不分枝，初期圆柱形，后期长纺锤形，高2～10厘米，直径2～5毫米，白色，老化后呈浅黄色，很脆，稍弯曲，内实，似豆芽，故名豆芽菌。顶部淡黄色，柄不明显。菌肉白色，松软。生长在草地或林中空地上，单生或丛生。味美可食。分布在我国吉林、浙江、江苏、四川、云南等地。

　　白珊瑚菌，子实体群生或丛生，多枝，高3～12厘米，乳白色，基部土黄色。柄长5～10毫米，粗2～3毫米，有细微绒毛。主枝3～5个，其上双叉分枝。小枝直立，圆柱形，顶端尖锐。生长在林地或腐朽后期的倒木上。可食用。分布在吉林、内蒙古、海南等地。

鸡冠珊瑚，又称仙树菌。子实体分枝多，白色，常带有黄色或污桃红色，多次叉状分枝，或下部分枝呈两叉状，顶枝先端锯齿状，通常顶枝排列扁平呈鸡冠状。柄短，0.5～2厘米，白色，脆而韧，中实，后期中空，或柄短缩不明显。子实层厚。担子近圆柱形。孢子近球形，无色，光滑，壁厚，有一小尖内含一个油污。生于混交林或阔叶林地上，可食。分布在吉林省境内的吉林、永吉、蛟河等地。

杯珊瑚菌，子实体高3～13厘米，淡黄色或粉红色，老熟后土黄色，柄纤细，1.5～3微米，白色，带淡褐色。有绒毛，柄向上膨大，呈杯状，由杯缘轮生小枝3～6枝。各枝顶端又膨大呈杯形，杯缘再轮生小枝，如此多次分枝呈扫帚状。菌肉白色或橘色，强韧。生于倒木或伐根。可食。分布在黑龙江、辽宁、吉林等地。

丁香丛枝菌，子实体高6～12厘米，宽4～6厘米。有柄但短，基部近白色，柄长2～6厘米，直径3厘米左右，较粗。分枝极多，密集，丁香紫色。菌肉白色。生于阔叶林地。可食用。分布在吉林、安徽、云南等地。

鸡油菌，又名鸡蛋黄。子实体漏斗状，有浅裂，内卷。肉质杏黄色，盖宽3～9厘米，子实层下延，褶棱状稀疏，分叉或互相交织，菌柄圆柱状，9厘米×2厘米左右，光滑，无毛，中实。生于针叶林或混交林，有香气，可食。分布在黑龙江、吉林等地。

灰号角，菌盖薄，半膜质，号角形。中央凹陷达柄部，边缘肢状，瓣裂或下卷，宽2～6厘米，灰色，生细小鳞片。菌柄中空，平滑，呈褐色，长1～3厘米，粗3～7厘米。子实层灰色，可食。生于阔叶林地。分布在吉林、西北、西南等地。

多孔菌——猴头菌

　　猴头菌属于多孔菌目、齿菌科。猴头属有3种，即猴头、小刺猴头、假猴头。

　　特点明显，子实体肉质，刺锥形，似猴子脑袋，故名。术语叫子实体块状或瘤状，无明显菌盖，木生。

　　猴头菌子实体肉质。一年生，团块状或头状，直径约5～20厘米，鲜时白色，干后米黄色或浅褐色。无柄或有柄极短。子实层生于刺的周围，刺密集而下垂，长针形1～3厘米长。孢子无色光滑，球形或近球形。含油滴4微米×6微米左右。

　　猴头生境苛刻，专生于蒙古栎的活立木或倒木上，可引起木材海绵状白色腐朽。

　　猴头不但营养丰富，味道鲜美，被誉为东北林区的山珍；而且菌体内富含各种生物碱、有机酸及微量元素。可提取多种有效成分，对人体祛病、健康十分重要。分布在吉林、黑龙江、云南、四川等地。

小刺猴头，猴头中的一种。子实体为多数分枝形，呈密集的团块状。基部窄，无柄或柄极短，鲜时色泽纯白，直径7～10厘米，比普通猴头小。老化时渐渐变为烟灰色。子实体上长满小刺，上部刺扭曲，下部刺直。刺长10～20毫米。菌肉白色，呈海绵质富有弹性。孢子短卵形，无色或白色，径约6.5微米×5微米。

小刺猴头生长在柞树、槭树的活立木、风倒木上。其味道鲜美，可食用。食用价值同猴头，亦是东北特产山珍。分布在黑龙江、吉林、河北、内蒙古、山西、云南、四川等地。

假猴头子实体肉质，白色或淡黄色。从基部多次分枝，互相缠绕，密集成团，直径为5～20厘米，最后的小枝纤细，伸向周围。刺长1～6毫米。孢子无色，平滑，椭圆形，近卵圆形或近球形，内含一油滴。生于柞树等阔叶树枯立木或倒木上，可食。分布在吉林、黑龙江、四川、云南等地。

猴头是宜药宜膳的重要真菌，味道鲜美，清香可口，人们夸它是"素中荤"，视为极名贵的"山珍"。据分析，100克猴头菌的干品含蛋白质26.3克，脂肪4.2克，碳水化合物44.9克，粗纤维6.4克，磷856毫克，铁18毫克，钙2毫克，硫胺素0.69毫克，核黄素1.89毫克，胡萝卜素0.01毫克，并含有16种氨基酸，其中有7种是人体必需的。子实体可以药用，有助消化、利五脏的功效。对消化不良、体虚无力、神经衰弱等疾病均有一定帮助。据研究，猴头菌中所含的多糖和肽类物质，对小白鼠肉瘤S–180有显著的抑制作用。有报道，猴头菌对胃癌和食道癌的有效率为69.3%。

多孔菌——灵芝

　　灵芝别名灵芝草。这是一种充满神奇彩色的真菌，有许多关于它的美好传说。其实，在自然界它就生长在阔叶树的木桩、原木、立木和倒木上，只是越在深山老林、虎蛇出没、人迹罕至的地方，生态环境越好，子实体发育也愈旺盛，那里的灵芝成色自然好。

　　灵芝外形像公鸡的大火鸡冠，菌盖半圆形、扇形或肾形，赤褐色、赤紫色或暗紫色，具有油漆一样的光泽。有环状棱纹和辐射状皱纹。大小不一，小者3厘米×4厘米左右；大者10厘米×20厘米，厚0.5~2厘米都常见，特大者可达半米直径。菌盖边缘稍薄，有波状起伏。全缘。菌肉木栓质，白色至淡肉色。菌管单层，长0.5~1毫米，1毫米间4~5个，管口近白色或淡褐色，干后褐色。

　　菌柄通常侧生，与菌盖呈一定角度，有光亮的皮壳。柄长一般超过菌盖直径，粗0.5～4厘米左右。孢子卵圆形，外壁无色透明，内壁褐色，有小棘突。分布在黑龙江、吉林、河北、四川、云南等地。

子实体入药。性温、滋补强壮。对虚劳、气喘、神经衰弱、失眠、哮喘、冠心病，白细胞减少或消化不良均有一定效果。

松杉灵芝，这也是一种灵芝，外观上不像灵芝那样好看，但颜色相同。菌盖也是扇形、半圆形、肾形，大小为7～18厘米×5～14厘米左右，厚1～3厘米。基部更厚，初期黄锈色，后变成红褐色或紫红色，光滑，并有黏性，有油漆样光泽的皮壳，但无环纹，边缘薄，全缘，干后稍内卷，或平截有棱纹。

菌肉肉质，成熟后纤维质或木栓质，干品木栓质，材白色。菌管肉桂色或黄褐色，长0.5～1.5厘米；管口表面白色，管口圆形，每毫米有4～5个，干后带褐色。菌柄侧生，与菌盖水平相接或稍弯曲，长2～5厘米，粗1～3厘米，有紫红色光亮的皮壳。孢子卵形，截头，双壁；外壁光滑无色，内壁褐色，有刺状突起，10～12微米×6～8微米。生长在衰老的落叶松、红松的树干部，也生长在倒木或站桩上。子实体入药，采摘后去掉杂质，晒干后备用。其性温味苦。有滋补强壮、利尿、益胃之功效。中药用于滋利，抗寒活血，治风湿。

木灵芝，又名树舌。多年生，菌盖无柄，半圆形或肾形，盖面扁平，又叫扁木灵芝。一般为25厘米×18厘米，厚15厘米左右。盖面灰色，有褐色孢子粉，有同心棱纹；有大小不等疣或瘤。皮壳脆角质，边缘钝。菌肉软木栓质，浅栗色，或近皮壳处白色。管口近白色或淡黄色，受伤后立即变淡褐色，菌管多层，每层厚0.8～1厘米，孢子卵圆形、双壁。生于阔叶树干部、基部或针叶树干部。子实体入药，称赤色老母菌。分布在东北、华北、西南、华南、西北等地。

伞菌类——蜡伞

　　伞菌是伞菌科、牛肝菌科菌类的统称，属担子菌纲、伞菌目。

　　为什么叫伞菌？就是这类真菌具有菌盖、菌柄，是子实体肉质且营腐生生活的真菌。伞菌科的种类菌盖下面是肉质的菌褶；牛肝菌科的种类菌盖下面是肉质的菌管。菌褶、菌管都是担孢子着生的部位。子实体的大小及菌盖的颜色则因种类而异。

　　多数伞菌都可食用、药用，如香菇、蘑菇、草菇、牛肝菌、口蘑等，都是植物肉，天然味素。少数种类有毒，如蛤蟆菌、鬼笔、鹅膏菌等。

　　在真菌中，伞菌是一大类，包括十几科几十属几百种。我们拣重要的介绍几科，再在几百种中把最常见的、最有价值的介绍几种给读者，以便遇到时有个感性认识。

　　伞菌目子实体肉质至半蜡质，易腐性，生于树木附近地上，树木形成对生菌根。菌盖表面黏至胶黏。菌柄中生，往往被膜。菌稍厚，蜡质；褶缘有胶质层，稍稀；直生或延生，无菌幕；无囊状体。菌肉肉质，往往有苦味。孢子印白色，孢子无色，常平滑。菌丝大多数有锁状连合。代表种有红蜡伞，小红蜡伞、蜡伞、白蜡伞、红菇蜡伞。

小红蜡伞菌盖半球形或钟形，干燥，光滑，中央呈脐形，老时开展，扁平，盖宽3～3.5厘米，橙红色至朱红色。菌稍稀疏，直生、延生，黄色至朱红色。菌柄近圆柱状，与盖同色，光滑，纤维质。孢子印白色，孢子无色，椭圆形，光滑。生长在夏、秋季节的林地内或林缘。单生或群生。可食。分布在吉林、黑龙江等地。

蜡伞子实体肉质。菌盖半球形，盖的边缘向内弯曲，逐渐平展，半滑，黏，湿时盖缘条纹明显，直达盖面中央；盖面宽2～5厘米，初为橙黄色或蜡黄色，后褪色。

菌肉脆，薄。菌柄圆柱形，光滑，中空，高5～8厘米，粗0.3～0.5厘米，黏，有光泽。菌褶厚而宽，稀疏，直生，淡黄色或白色，褶缘平坦；孢子印白色，孢子无色，梭形。生长于林地，可食。分布在黑龙江、吉林、辽宁、内蒙古等地。

白蜡伞菌盖扁半球形，后开展，中央稍凸，宽2～5厘米，盖面白色或淡黄色，黏，有绢丝样菌稍延生，稀疏。

菌柄圆柱形，上下同粗，内部松软，后期中空，白色或污白色，黏，光滑，上部有白色小鳞。孢子印白色。孢子无色，长圆形。生长夏、秋季节林地或针叶林地。味美。分布在黑龙江、吉林等地。

伞菌类——白蘑

　　白蘑科,菌盖肉质,有时近膜质,韧,湿润时恢复原状,易腐性。菌褶与柄相连。柄中生,与菌盖组织连接。孢子在显微镜下无色。它有十几个属,有多种。

　　松蕈,别名松口蘑。真菌中珍品,价格昂贵,产量很少。菌盖幼时球形,渐半球形,开展后呈扁半球形。中央扁平。盖宽5~15厘米,盖面干燥,湿润时黏,有纤维状鳞片,盖缘内卷,呈肉桂色至红褐色,中央色深。菌肉厚,始为白色,后呈淡褐色。菌褶弯生,白色,后呈淡黄色,褶缘有光泽。菌柄圆柱形,基部肥大,10~21厘米×1~2.5厘米;中实。菌环以上呈白色粉状,菌环以下呈黄色至栗褐色。菌环上位,膜状或蛛间状,永存性或消失。孢子印白色。孢子无色,光滑,呈椭圆形。

　　松蕈生长环境苛刻,秋季生长于赤松、红松、落叶松、黑松林地,围绕树根形成蘑菇圈，往往一个蘑菇圈需要几十年时间方能形成。子实体单生或群生。分布在吉林、黑龙江等地。

密环菌，别名榛蘑。子实体丛生或群生。菌盖扁半球形，渐平展，中央低压。菌盖面干，湿润时黏，盖面蜜黄色、黄褐色或栗褐色，有毛鳞，中央多。菌缘有条纹。菌肉白色带黄色，稍苦。菌柄近圆柱形，长5～13厘米，粗0.6～2厘米。基部稍膨大，纤维质，内部松软，后中空，浅褐色。菌环上位，松软，白色带黄，膜质，有暗色斑，早失性。菌褶直生或延生，稍稀，污黄色，老熟有锈斑。孢子印乳黄色。孢子椭圆形，无色，光滑。密环菌为常见的食用菌，产量也比较多，味道鲜美，含蛋白质、脂肪及多种氨基酸，还含有麦角甾醇、甘露醇、海藻醇等多种成分。另外，还可以药用，有清肺、祛寒、益肠胃、祛风活络等功效，还可以治疗皮肤干燥、眼炎等症。生长于夏、秋季节针阔树根部或干基部。分布在吉林、黑龙江、河北、内蒙古等地。

松口蘑是土生菌类。担子果单生或散生。秋季雨后生于红松、赤松、落叶松及黑松林内地上，与松树根形成芝生菌根，并形成"蘑菇圈"。松口蘑菌体肥大，体质细嫩，具浓郁的蘑菇香味，鲜美可食。营养价值高，含水量89.9％，干物质中纯蛋白质8.7％，粗脂肪5.8％，粗纤维8.6％，有丰富的维生素B_1、B_2、C，并具有很高的药用价值。

第三章　地衣与苔藓

除了藻类，地衣与苔藓是植物中构造最简单、进化最原始的低等植物。它们没有鲜艳的花朵，没有明显的器官分化和根、茎、叶区别，因此，它们不开花不结果。那么，它们以什么来繁殖，怎样传宗接代呢？那就是以孢子繁殖。所以地衣和苔藓也叫隐花植物、孢子植物，这也正是它们与后来的，进化较高级的种子植物的主要区别。

地衣在植物界单独列为一门，是真菌与藻类共生的独特生物，组成地衣的真菌既有子囊菌，也有担子菌，但多数为子囊菌；而组成地衣的藻类主要是单细胞蓝藻和单细胞绿藻。

地衣的适应能力是极强的，君不见山里面草丛中、树皮上、岩石上、土壤表面到处都有地衣的身影，无论干旱、连雨，高等植物干死、涝死，而地衣安然无恙。尤其地衣能在光秃的岩石上固着下来，它是形成土壤的基础，是后继植物占领无土环境的开路先锋，是真正的拓荒者。

苔藓与地衣比，藓体苔体均有器官分化，虽然根是假根，茎是假茎，叶也是假叶，但毕竟外观上有了"根，茎，叶"变化。样子也比地衣复杂，好看多了。我们见到的苔藓一般为配子体，多生长在潮湿阴暗的环境中，如树木的背阳面、山的背面山脚悬崖下、水塘边、林荫路上、茅草屋的阴坡、瓦屋的阴坡、背阳面的墙体……配子体能吸收水分、无机盐，并能制造有机物。而孢子体是配子体发育到一定程度上出现的繁殖体，孢子体有雌、雄颈卵器和精子器，精子具鞭毛，借水游入颈卵器，进行结合繁殖。

地衣也好，苔藓也罢，作为生态因子在自然环境中都有不可替代的生态作用。同时，它们本身也都具有非凡的利用价值和开发前途。地衣可为动物及人类食物，可提取染料、香料、试剂和生产抗菌素。苔藓可作为特殊工业原料参加国家建设，也可形成泥炭，做肥料、燃料。地衣、苔藓中有的种类可入药，是祖国医药特别是中草药宝库中的重要组成部分。

地衣、苔藓开发研究已久，但尚有许多课题有待于开发研究，地衣、苔藓的前途广阔。

地衣与苔藓的分类

　　地衣植物有1.8万多种，组成地衣的真菌多数是子囊菌，少数是担子菌；藻类则常常是简单原始、单细胞的蓝藻和绿藻。

　　藻类制造有机物，而真菌则吸收水分并包被藻类，两者相互依靠，以互利的方式相结合。

　　地衣具有一定的形态、结构，能产生一类特殊的化学物质如多种地衣酸，并有一定的生态习性，这一点又是真菌与藻类所不具备的，因此，地衣单独归为一类，是一个独立的植物类群。

　　地衣能生活在各种环境，特别能耐干、耐寒，在裸岩悬壁、树干、土壤以及极地苔原的高山寒漠都有分布，是植物界拓荒的先锋。没有地衣类，就不会有现在植物多样性分布，也不会有植物种类的多样性。

　　根据地衣外部生长状态，可以分为壳状地衣、叶状地衣、枝状地衣和胶质地衣四大类。这四大类地衣除对自然环境有重要影响外，少数种类可供食用，是人与动物的特殊食料；多种地衣可提供染料、香料；有的是制取试剂和抗菌素的原材料。代表种有扁枝衣、地茶、松萝、石蕊、石耳等。

苔藓植物少说也有4万种，仅我国就拥有苔类600多种；藓类1500多种。

苔类，也叫苔纲，属苔藓植物的一纲。植物体通常扁平，匍匐生长，呈叶状或有"茎"、"叶"的分化，但亦两侧对称。"茎"、"叶"通常较柔弱；孢子囊通常呈四裂，着生于柔弱的蒴柄上；孢子常借弹丝的水湿运动向周围散布。一般多生于阴湿环境之中，尤其在热带常绿雨林中生长的格外旺盛。苔纲分三目，即地钱目、叶苔目、角苔目，也有的分真苔亚纲和角苔亚纲的，这样是把地钱与叶苔合为一起。

藓类，也叫藓纲，属于苔藓植物中的一纲。藓与苔的区别是植物体通常直立、匍匐或悬垂生长，既有假"根"，也有假"茎"、"叶"之分化，整体上呈辐射对称。"茎"的分化出现了中轴，"叶"则为单层细胞。孢子囊多数盖裂，从盖上释放出孢子，同时借助蒴齿的水湿运动来推动孢子外溢。藓分三个亚纲，即泥炭藓亚纲、黑藓亚纲和真藓亚纲，种类多、分布亦广，其独特的生长价值，特殊的生理生化特点，有着不可低估的开发利用价值。

苔藓植物的主要代表种有地钱、裂托地钱、风兜地钱；光萼苔、角苔、褐角苔、花角苔；大泥炭藓、白齿泥炭藓、暖地泥炭藓、广舌泥炭藓、水藓、鳞叶水藓、黑藓、东亚黑藓；紫萼藓、葫芦藓、尖叶提灯藓、灰藓、金发藓等。

藓类

　　藓类一般多生于阴湿处、高寒针叶林地及暖地山区常绿雨林中。通常可分泥炭藓和黑藓、真藓三大类型。藓类的生态价值是保持水土，对沼泽的形成和消失常常有重要影响；少数可入药。

　　泥炭藓，藓纲、泥炭藓科。植物体呈黄白色或灰白色，常有各种锈斑。茎无假"根"，在沼泽中紧密生长，丛生，下部逐渐死亡，上部继续生长。"叶"有大型无色的细胞，有极强的吸水力。因此，可以在沼泽上大片丛生，遗体逐年积累形成泥炭。这也是沼泽地、湖泊逐渐淤积成陆地的原因。另外，由于藓类不断吸收空中水湿，又扩大了生长范围，使森林沼泽化，又起到破坏森林，破坏陆地作用。常见的泥炭藓有大泥炭藓、广舌泥炭藓、暖地泥炭藓等。

　　水藓，藓纲、水藓科。多生长在寒冷地带的溪河流水中，植物体纤长而多分枝，孢蒴隐没在苞叶之中。分布在我国大小兴安岭一带，如大水藓、鳞叶水藓。

黑藓，藓纲、黑藓科。植物体多呈紫黑色或灰黑色。叶细胞多有粗疣。孢蒴有假蒴柄，成熟时常纵长四裂。常丛生于高山或寒冷地带的裸露花岗岩石上。我国各省高山、亚高山，1700 米以上海拔的裸露花岗岩石上常见种。代表种如疣黑藓、东亚黑藓。

紫萼藓，紫萼藓科。植物体稀疏分枝，湿润时暗绿色，干时黑色。“叶”干时紧贴，湿时舒展，有长中肋和白色叶尖；叶细胞有粗密疣。性极耐旱，能生长在向阳、裸露的岩石上，久干不丧失生活力。紫萼藓是旱生植物的重要代表之一。

葫芦藓，葫芦藓科。植物体矮小，有芽孢形分枝。“叶”广舌形，细胞方形或长方形，单中肋。孢子体顶生，孢蒴葫芦形，蒴齿两层，外齿层有齿片 16 枚，因干湿不同而产生运动，借此散布孢子。生长在含有机质丰富、阴湿的岩石、树干甚至于庭院内。分布全国各地。

灰藓，灰藓科，多回羽状分枝的大型藓类。植物体金黄色，有绢丝光泽，匍匐生长。“叶”通常偏斜，双中肋，叶细胞狭长形，叶角细胞分化。孢子囊侧生，平列而弯曲。常见在马尾松空旷林地。生于岩石、腐木上。

提灯藓，藓纲、提灯藓科。该植物体较粗大，常常呈直立或茁生匍匐状分枝，枝上多着生着褐色的纤细假“根”。“叶”多为卵形或舌形，柔软，淡绿色，干时皱缩；有中肋和明显的叶边；叶片细胞圆六边形、菱形。孢蒴多垂悬，状如提灯。提灯藓适应环境为阴湿的溪边或山坡上。常组成大片群落。属于北温带较常见的藓类。提灯藓科在我国大约有38种，各省区几乎都有分布，常见的有尖叶提灯藓等。

ok

蕨类

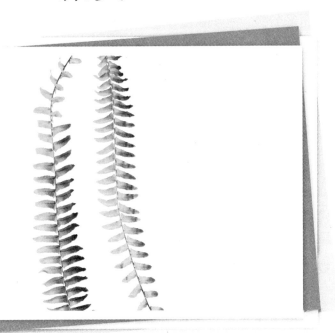

　　这是高等植物中进化地位仍然处于原始、低级阶段，但确是兴旺一时，创造了亿万年繁荣的植物群落。过去管这类植物叫羊齿植物，每种植物的体形都高大粗壮，如鳞木、封印木、科达树，高达几十米。那时不但植物高大，动物也高大，如恐龙。当然，现在这部分植物早就灭绝了，但由它们的"化石"形成的煤，至今仍然为人类做着巨大的贡献，我们还真要对这些植物刮目相看。

　　现存的蕨类大部为草木，木本已经不多。孢子体虽然有根、茎、叶的区别，但不具有花，也没有果，繁殖仍然依靠孢子，这一点又是低级类群的明显特征。无性世代占种内优势。根据它们的形态特点和结构差别，人们将它们分成四个纲，即松叶蕨、石松、木贼和真蕨，四纲大约有1.2万种，我国约有2600种，大部分分布于长江以南。

　　蕨类植物可食用，如蕨、紫萁等；可药用，如贯众、海金沙等，石松等是工业原料。

　　松叶蕨，又称松叶兰，属蕨类植物门、秋叶蕨科。该蕨植株矮小，高15～40厘米。茎绿色，叉状分枝。叶细小，鳞片状。孢子囊球形，具三室，生于叶的上腋。生长在树上或岩石上，产于我国云南、华南及台湾等地。可供观赏和药用。

　　石松，蕨类植物门、石松纲、石松科。此类植物古代多为高大乔木，如鳞木、封印木。石松，又称过山龙。多年生草本。茎长，分枝匍匐。叶小、针状，密生茎上。孢子囊生于孢子叶的上腋，常集聚枝顶，形成孢子叶球。孢子黄色，也叫石松粉。石松粉是冶金工业上的优良脱模剂，也是照明工业原料；药用时可做撒布剂和丸衣；茎叶都入药，有祛风痹、活经络功效。石松喜欢酸性土壤，生长于山坡。分布在长白山、西双版纳等地。

　　卷柏，又名九死还魂草。长在高山悬崖之上，采下来后放置几个月仍可见水成活，故名。多年生草本，高5～15厘米，茎棕褐色。分枝丛生，绿色，扁平。叶四列。耐干旱，干时枝叶内卷如拳，湿润复又平展如初。分布较广。全草入药。

　　翠云草，又叫蓝地柏。茎柔细，匍匐，能到处生根，叶在主茎上排列疏松，侧枝上排列紧密，叶面有翠蓝色光泽。分布于东南各省，可入药。

石韦

石韦又称石皮、石兰、飞刀剑、小石韦，属水龙骨科。

该蕨亦多年生草本，株高10～30厘米，根茎匍匐，被棕黑色鳞片。叶柄长，单叶，叶片肥厚草质，背面密生淡棕色星状细毛。孢子囊群生于叶背全面，并杂有星状鳞毛。生长在树干上、岩石上，与苔藓一起，很明显。全草入药，有利尿、通淋、清热等功效，治结石、尿血等症。

水龙骨，又名岩乔。根茎绿色，常被白粉，蜿蜒匍匐。叶柄与根茎间具关节，易脱落。叶片长，圆形，一回羽状深裂。附生在石上或树上。分布于长江流域以南各地。根入药，主治腰痛。

蘋，亦称四叶菜、田字草，蘋科。多年生浅水草本。根茎匍匐泥中。叶柄长，顶端集生四小叶。夏秋时叶柄基部生孢子果2～4枚。常见于水田、池塘、沟渠中。全草入药，除热解毒，利小便、消水肿；民间用其治蛇咬伤。分布几遍全国。

槐叶蘋，槐叶蘋科。草本，漂浮水面。茎横卧。三叶轮生；二叶呈长椭圆形，浮于水面。一叶呈须根状，垂于水中。生于池塘、水田、湖沼之内，几遍布全国。是绿色的畜禽饲料，富含蛋白质。

满江红，又叫红苹、绿苹，满江红科。植物体小，三角形，漂浮水面。根丛生。叶小型，肉质，排列成两行，春季绿色，夏季转红褐色。繁殖很快。生于水田或湖沼之中，我国东南和西南部均普遍生长。全草可做鱼类饵料，更是家畜饲料，可入药，又是绿肥植物。

秋天的池塘，水面上常浮着一片一片红色的"芝麻粒"，这就是满江红，它是一种蕨类，水面上漂浮的是它的细小叶片，水面下则是羽毛状的根须。满江红的叶片中有一种能固氮的鱼腥藻（蓝藻的一种），正是这种鱼腥藻将空气中的氮素变成"氮肥"，并源源不断地供给满江红，它们的共生不仅于它们自己有利，对人类来说还有利于增加水田的肥力，而且还可为家禽提供饲料。

包括石韦在内的12 000多种蕨类，作为第一批占领陆地的成员，在4亿年前就出现了，尽管这个家庭的鼎盛时期早已过去，但它们目前仍占领着除沙漠、极地外的大部分陆地，尤其在潮湿而温暖的地区，它们是人丁兴旺的大家族。

第四章　种子植物

　　绿色植物扮倩了地球，美化了我们的生活，同时也养育了人类和地球上的一切生物。那么，在成百万上千万种绿色植物之中，人们用什么办法能把它们一一区分开来，逐个叫出它们的名字？它们之间的类别是怎样划分的呢？通过历代科学家们努力，到目前已经能够准确地把它们区分开来，并叫出它们的名字。这就是下面的分类方法。

　　首先，专家们从花的性质发现，一切绿色植物都属于这么两类：即一类有花，但花不鲜艳，也没有花冠、花瓣等器官的分化，花一般与植物一样颜色，开花时不注意不容易被发现；而另一类有花，花分化完整，花冠、花瓣五颜六色，开花时很容易被发现。专家们把前者叫隐花植物，像苔藓、蕨类都是如此。而把后者叫显花植物，如我们常见的花卉植物都是。

　　再一种分类法是依据种子的性质来区分的，比如苔藓、蕨类，它们的种子实际上是小得有时肉眼看不到的"孢子"，有些真菌，也依靠孢子繁殖，所以就把这类没有种子，依靠孢子繁殖的植物叫低等植物，而把那些已经形成种子又依靠种子繁殖的植物叫高等植物，所以，实际上高等植物就是种子植物。

　　种子植物中，由于种子形成后的情形不同，又可分成两大类，那就是种子形成后没有任何包被，赤裸裸的暴露在光天化日之下，或种子形成后完全被包裹在各种各样的种皮里。前者呢，就叫它们为裸子植物，比如松、柏；而后者就叫被子植物，比如桃、李……

　　如果再详细分，被子植物又可分为双子叶植物和单子叶植物两类，像大豆，种子形成后，心皮包成子房、胚珠生于子房内，胚乳在受精后形成，两个子叶就是两片豆瓣，它的花有雌蕊、雄蕊，有萼片的花冠、花瓣，它就是双子叶植物；而小麦种子形成后子叶形成小盾片藏在麦粒之中，每粒只有一个小盾片，也就是只有一个子叶，所以它是单子叶植物。

　　隐花植物也好，显花植物也罢；不管是低等、高等，还是单子叶、双子叶，凡是植物，都以门、纲、目、科、属、种的顺序来分类，比如种子植物门，被子植物亚门、双子叶植物纲、松柏目、松科、松属马尾松种。

　　种子植物总共约几百万种以上，正因为它们的存在，才使世界变得五彩缤纷，地球更加美丽。

裸子植物

　　种子植物又分为裸子植物和被子植物两大类，从字面上，可以看出，一类是种子裸露，一类是种子被包裹起来。我们这里讲的裸子植物就是种子裸露的一类。

　　用术语说，也叫心皮不包成子房，胚珠裸露，胚乳在受精前就已经形成。裸子植物现今世界上有700种左右，而我国就有近300种之多。它们分别是铁树目、银杏目、松柏目和麻黄目四类。它们在结构上各异，进化过程中也不都是同宗同脉。在地质史上，铁树、银杏、松柏类始见于古生代二叠纪，而麻黄大约到中生代的白垩纪才出现。待麻黄类兴盛时，铁树、银杏和松柏类已经衰退，所以，它们并非一脉相承。

　　在学术界，习惯于把铁树、银杏看做是植物的活化石，因为它们

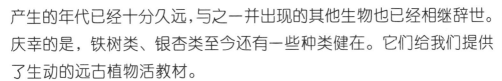

产生的年代已经十分久远，与之一并出现的其他生物也已经相继辞世。庆幸的是，铁树类、银杏类至今还有一些种类健在。它们给我们提供了生动的远古植物活教材。

松柏类至今还大有存在，它们是陆生生态系统的主要树种，高大挺拔，形成森林生境，是绿色植物的主体，也是人类重要用材林基地。

走进原始森林，高大的云冷杉，遮天蔽日，每个树之间间不容尺，它们维护着森林生态系统的良好环境，给动物和林下植被提供着良好的生活条件。

麻黄，现存中也多为矮小的草本，分布也十分有限，种子藏于肉质苞片内，较其他裸子植物进化，包括木贼麻黄、中麻黄等。产于我国北方。越南有一种买麻藤，属买麻藤科，是同类而不同根的裸子植物类。

还有一种植物叫百岁兰，属百岁兰科，寿命可达百年以上，种子外带翅的花被能借风传播万里，为世界奇异植物之一。

铁树科、银杏科

　　铁树属裸子植物，胚珠裸露，胚乳在受粉前就已经形成。通常可以长成粗壮的乔木，叶子集中生于茎的顶部，叶大型、坚硬、羽状分裂，裂片线形，叶的中部有中肋一条，坚硬如木；裂片稍端柔软而下垂，整个羽状叶呈边缘向下卷曲状态。铁树又叫苏铁、凤尾松、凤尾蕉。

　　铁树雌雄异株，雄花由无数鳞片状的雄蕊组成，着生在茎的顶部，簇生叶片核心；雌花由一簇羽毛状心皮组成，心皮密被软毛，下部呈柄形，柄的两缘生有胚珠数枚。种子呈核果状，微扁，朱红色。

　　茎粗状如圆锥，表面布满由叶柄和叶的茎部围成的褐鳞，粗糙，坚硬，又常常布满网状纤维般的丝状物。

　　铁树原产于印度尼西亚、日本和我国南部。由于树形美丽，宜于观赏，故各地均有栽培，只不过它对温度，空气湿度要求较苛，一般在温室中很难达到它的生长条件，因此开花结果非常罕见，故民间认为铁树60年一次开花结果，等于人花甲时才开花，被视为稀物。实际上并非如此，只要条件能够适生，它会迅速生长。

铁树除可观赏外，其茎中髓部可采淀粉，其叶、种子都可入药，有收敛止咳、止血之功效。

银杏，俗称白果树，公孙树。其果实是著名中药白果，亦可食用，是银杏科植物的典型代表。

银杏，落叶高大乔木，可长到千年古树。银杏树有长枝和短枝之分，叶扇形，在长枝上螺旋状散生于枝条周围；短枝上的叶呈簇生状。叶脉清晰，色稍浅。

银杏雌雄异株，种子核果状，呈椭圆形或倒卵形，外种皮肉质，有白粉。成熟后淡黄或橙黄色。

按进化时间，与银杏同期生长的大多数植物已经灭绝，亿万年前就埋在地下，是今天煤的前身。而银杏一支独占，繁衍至今，甚至被认为是不是误认。在科学上，把这些早应灭绝却依然存在的植物，又叫孑遗植物，因远古遗留下来的，所以又显得格外珍贵。

松科

　　松科植物为裸子植物中较大的一科，有11属200种之多，我国亦有10属84种。

　　松科植物通常都是高大常绿的乔木，少有灌木。多数产树脂。叶扁平线形或针形，螺旋状互生或在短枝上呈簇生状。雌雄异株。球状花序的雄蕊及其胚珠的鳞片（又叫种鳞）亦均螺旋状互生；雄花球的雄蕊具有两药囊；雌球花种鳞具两胚珠。种鳞背面的苞鳞与种鳞分离。

　　球果卵形至圆柱形，鳞片本质，各有种子两枚；种子上端具有一膜质的翅，很少种类无翅。

　　松科植物有许多种类是用材中的佳木。红松、落木松材质优良，是建筑的优良材料。松木多产松脂、松油。可提焦油，烧木炭，供工业、医药业使用。种子可食，含营养物质丰富，被誉为木本粮油。松类植物干形优美，四季常青，又是绿化的好树种。

红松，是松科植物中最优良的用材树种，为常绿大乔木。由于红松子是食用佳果，民间又有果松称谓。红松高可达 40 米。枝干挺拔，枝繁叶茂。小枝有绒毛，叶针形，五针为一束长在小枝上，针长而坚硬，直而不扭曲。球果卵形圆锥状，种鳞先端向外反卷，球果俗称松塔，每个松塔含几百粒种子。松塔长在松树顶部，分布于枝梢先端，每年产一次相对间歇两年，故松子产量有大小年之分，大年丰产丰收，小年减产歉收。

红松耐寒，但适生腐殖质丰富的土壤，幼苗时喜欢在其他树的遮荫下，生长缓慢，后期待与同林分内的其他树木同高时，开始争光争营养、水分，进入速生阶段很快超过林中其他树木独占鳌头。在针阔混交林中，红松往往处于上层林木地位。

红松材质优良，纹理笔直，耐腐性强，软硬适度，是最优良木材之一。红松子为木本粮油中含营养最丰富的树木果实之一，价格昂贵，价值极高。红松还可绿化园林，树形优美，气味芳香，是森林浴的好去处。

华山杉，松科。常绿高大乔木，高可达 35 米。小枝无毛。五针一束，针柔软，常扭曲。树干粗大但上部多弯曲，树皮呈块斑状。球果圆锥状长卵形。种子大，倒卵形，无翅。

华山松亦为我国特产，分布也较广，北至山西沁原，南到云南、贵州，东起河南，西到甘肃，几乎都有分布。生长在凉爽湿润的酸性土或铅质土环境中。

白皮松，又叫白果松、虎皮松。高大乔木，可达 30 米。树皮片状脱落，落出白色内皮。三针一束，粗硬。球果圆锥状卵形，种子有短翅。树皮奇特，树势优美，可供观赏。

ok

杉科

　　杉树属杉科，与松不同之处是叶短，树干油脂不如松类发达，干通常比松树直，材质比松树软，代表种如冷杉、云杉、油杉、沙松、臭冷杉、鳞皮冷杉、黄杉、铁杉、鱼鳞云杉、红皮云杉、紫果云杉、天山云杉、川西云杉等。

　　冷杉，常绿乔木。小枝平滑，有圆形叶痕。叶线形，扁平，上面中脉凹下。球果单生于叶腋处，形大，直立，多为圆柱状卵形或圆柱形；种鳞木质，成熟后脱落。该树耐荫性强、耐寒，喜凉湿气候。如生长在长白山的冷杉，都与云杉混生于暗针叶林，分布于海拔1700米以上。

　　我国有冷杉22种，主要分布于东北、华北、西北、西南及台湾的高山上。材质轻松，可供建筑、电杆、造纸、火柴杆等用。也可做绿化树种。

　　油杉，常绿乔木。叶呈二列式，线形，扁平，上面中线隆起，下面

有许多平行的气孔带。雌雄同珠。球果直立,圆柱形,长8～18厘米,直径4.5～6.5厘米;种鳞近圆形或广圆形。上部圆或截圆形。种子顶端具翅。分布于我国浙江、福建、广东、广西等地。木材坚实耐久,可供建筑及枕木、坑木、家具用。

臭冷杉,也称白松,常绿乔木。叶线形,长1.5～2.5厘米,在叶枝先端微凹,在球果枝上先端锐尖;叶上面深绿色,下面有白色气孔带。球果圆柱状长卵形,长4.5～9.5厘米,熟时褐色,种鳞肾形,苞鳞不露出,或尖头微露。分布于我国东北小兴安岭、长白山及河北小五台山等地。多生于阴湿山坡。木材轻软,可供建筑、制器具、造纸等用,也可绿化用;树干可提取松脂;树皮可提栲胶。

黄杉,常绿乔木。小枝的主枝常无毛,侧枝有极细毛。叶呈二列式,线形,扁平,长1.5～3厘米,凹头,落后枝上留椭圆形叶痕。花雌雄同株。球果单生侧枝顶端,椭圆形卵状,长3～6厘米,种鳞蚌壳状,斜方形,苞鳞露出,先端三裂,中裂片较长。产于我国云南北部、贵州、四川南部及湖北西南部。生长颇速。喜生湿润气候和酸性黄土壤山地。木材优良,供建筑、桥梁、枕木、家具等用,是绿化的优良树种。

银杉,高大常绿乔木。枝平列,小枝有毛,叶两形,生长枝上的放射状散生,长4～5厘米,短枝上的叶几乎轮生,长不到2.5厘米,但两形叶皆线形,叶下面有两条白色气孔带。球果长椭圆卵形,长3～5厘米;种鳞13～16个,圆形至卵圆形,长1.5～2.5厘米,上面有两个种子,各有长椭圆形薄翅。产于广西龙胜及四川南川金佛山。此种植物是1956年才开始发现,属我国特产,是稀有的树种,木材供建筑、造船等用。树形美观,可绿化供人观赏。

柏科

柏树种类众多，为常绿乔木或灌木。叶小呈鳞形，密贴枝上，交互对立，很少锥形而轮生。雌雄同株或异株。球花的雄蕊及具胚株的种鳞也交互对生，很少三个轮生。雄花的雄蕊有2～6个药囊，雌球花全部或部分种鳞具一至多枚胚珠，苞鳞和种鳞结合。球果当年或第二年成熟，卵形或圆球形，鳞片扁平或盾形，木质，发育的鳞片具一至多个种子，种子具翅或无翅。

柏树为柏科，有20个属近130种，分布于全世界。中国有8个属42种，最著名的如侧柏、台湾扁柏、福建柏、桧柏和刺柏等。

侧柏，又称扁平，常绿乔木，高可达20米。小枝扁平，直展，呈一平面，两面相似。叶鳞形，小。球果长卵形，种鳞长形，木质，较厚，背部具一反曲的尖头。种子长卵形，无翅。侧柏分布广泛，北起黑龙江，南到海南岛几乎都能生长，由于它树形好看，又终年常绿，人们喜欢用它为庭院绿化。它喜光，耐瘠薄，但生长缓慢，在吉林、黑龙江当年晚些时候长出的嫩枝往往还没等木质化便进入冬天，结果这部分嫩枝常常被冻死脱落。侧柏在南方可以长成乔木，木质坚硬、细致，具芳香；用途广泛，种子可榨油，又可入药。

扁柏，柏科扁柏属，代表种有红桧、台湾扁柏、日本扁柏、日本花柏等。

红桧，常绿高大乔木。枝平展，叶枝扁平。叶鳞形，先端尖。球果椭圆形，长1～2厘米，直径6～9毫米，种鳞10～14个。

台湾扁柏，常绿大乔木，高可达40米，胸径3米。树皮淡红褐色。枝平展，叶枝扁平，叶鳞形，先端钝尖。球果圆球形，直径9～11厘米；种鳞8～10个，顶端有尖头，每一种鳞都有两枚种子。种子扁，两侧有窄翅。产于中国台湾中、北部高山，组成单纯林。木材坚韧、细致，有香气，耐用。

福建柏，常绿乔木。小枝扁平，排列在一个平面上，如同复叶，叶交互对生，鳞形，紧贴枝上，下面被白霜。叶先端圆形。福建柏是柏中最好看，小叶最大的类型，绿化庭院深受人们喜爱。球果形如球，直径约15毫米，种鳞5～6对，盾形，镶合状排列，各有两枚种子。种子具大小不等的两个翅。产于中国浙江南部、福建、江西、湖南、广东、广西、贵州、云南、四川等地。木材供建筑、桥梁及制器。

桑科

　　桑类植物统归为桑科，是双子叶植物中种类较多的一类，约有61属1550种。我国约17属近150种。

　　桑科植物有落叶的也有常绿的，有乔木也有灌木，甚至还有藤本和草本。常常有乳状液汁。叶有丛生也有对生；叶缘有全缘也有分裂；托叶一般早落。花小，单性，有雌雄同株也有雌雄异株，常密集成头状、穗状或柔荑花序；还有生于一中空的花托内面的（如榕属）；花被片通常四枚；雄蕊与花被片同数而对生；子房上位或下位，1~2室，每室有胚珠一个。果实多样，有瘦果，如大麻；有聚花果，如桑树。分布也极广泛，但以江南种类丰富。有的可食用，如菠萝、无花果、桑椹。有的可制橡胶，养蚕，入药，有较高的经济价值。

　　桑，落叶乔木。叶卵圆形，分裂或不分裂，边缘有锯齿。花一般为单性，淡黄色，雌雄同株或异株。果实为聚花果，名为桑椹，成熟时紫黑色或白色，味甜。桑种类颇多，主要有白桑、鸡桑、华桑等。该树再生分枝能力强，耐剪伐，养蚕时要不断伐枝摘叶。除养蚕外，桑树可造纸；桑椹可酿酒。全树入药皆有利用价值。

无花果，落叶灌木或小乔木。叶掌状3～5裂，大而粗糙，背面被柔毛。花单性，隐于囊状总花托内。果实由总花托及其他花器组成，呈扁圆形或卵形，成熟后顶端开裂，黄白色或紫褐色，肉质柔软，味甜。自夏至秋可陆续采收。多用扦插方式繁殖。原产于亚洲西部，我国长江流域以南各地均有栽培。新疆南部尤多。

榕，常绿大乔木，气生根发达，常可独树成林，气生根落地成树。叶革质，深绿色，卵形，长4～8厘米，基部楔形，全缘，羽状脉。隐花果生于叶腋，近扁球形，径约8毫米。榕树广布江南，尤以广西、云南为适生。喜酸性土。木材褐红色，轻松，纹理不匀，易腐朽。果可食。

菩提树，常绿乔木，高10～20米。各部无毛。叶三角状卵形，先端有细长尾状尖头，边缘微呈波状。11月开花。隐花果1～2个生于叶腋，近球形，无柄。原产印度，我国广东、云南都有栽培。树干多乳汁，可制橡胶。

面包树，常绿乔木，桑科。高达十余米。叶大，羽状分裂。花单性，雌雄同株，雌花丛集成球形，雄花丛集成穗状。聚花果直径约20厘米，肉白色，质粗松如面包，故名。原产于太平洋热带地区。果可煮食。木材质地优良，用途广泛；树皮可做纺织原料，树脂乳状，可提取黏合剂。

毛茛科

　　此类植物多为一年生或多年生草本，亦有木质藤本和直立灌木。叶或生基部或在茎上互生，亦有对生。单叶或复叶，全缘，缺刻或分裂。花通常两性，辐射对称或左右对称，单生或排列成圆锥花序；萼片分离，5枚或更多，有时呈花瓣状；花瓣缺或3～5枚或更多；雄蕊和心皮常多数，螺旋状排列在高起的花托上。果实多为瘦果，很少为浆果或蒴果。种子胚乳丰富而胚小。

　　毛茛科植物约有47属以上，2000多种，主要分布在北温带。我国约有40属，近600种。各地几乎都有。

　　本科植物有不少著名中草药，如黄连、乌头等；也有许多观赏花卉，如牡丹、芍药。有些则有毒，如毛茛。

　　黄连，多年生草本，毛茛科。地下有长根茎，复叶，从基部长出，长柄，有三小叶，小叶又裂成三片，裂片边缘有锯齿。春季开花，花白色、小型。生于花茎上部，雌雄异株。黄连是我国药用植物中用途广泛，开发较早的植物，产于西部及东部、中部山区。同一属的植物有数十种之多，都称黄莲。其根含有小檗碱、甲基黄连碱等多种生物碱。入药有泻火解毒、清热燥湿之功效。

乌头，毛莨科，多年生草本，有块根。茎直立。叶轮廓呈五角形，三全裂，侧裂片又二裂，各裂片再分裂，有粗锯齿。秋季开花，总状花序圆锥形，被卷曲细毛。花瓣退化。萼片呈花瓣状，青紫色，美丽，上方一片盔状。乌头可做观赏植物，亦可入药。主根称乌头、川乌，其侧根称附子。主要含乌头碱，有剧毒，使用前需经炮制。中医上作温经散寒，止痛药。

毛莨，多年生草本。叶基生有长柄，叶片三深裂，两侧又分成二裂；茎上叶几无柄，叶片三深裂，裂片线状披针形。初夏开花，花黄色，单生。瘦果，多数相聚呈小头状。产于我国各地。毛莨有毒，茎、叶的汁液有强烈刺激性，可杀蛆虫、孑孓。入药治疟疾、哮喘、黄疸、结膜炎。

牡丹，落叶小灌木，毛莨科。棵高1～1.5米，叶为二回三出复叶，小叶常3～5裂。初夏开花，花单生，大型白色、红色或紫色多种，已经被人们定向培养成各色各样，是我国著名观赏类花卉。雌蕊生于肉质的花盘之上，密被细毛。各品种中以洛阳牡丹最出名。

木兰科

　　这类植物多木本，为常绿或落叶乔木或灌木，单叶丛生，通常全缘；托叶大，包围叶芽，早落。花大，有的发浓郁的香气，单生、顶生或腋生都有，花两性；萼片和花瓣常相似，也多呈花瓣状，分数轮着生于花瓣外围，覆瓦状排列；雄蕊和心皮均多数，分离，螺旋状排列在花托上。果实为背缝或背腹绽开裂；或不开裂而成翅果。

　　木兰科植物约有12属215种，主要分布于北美洲和亚洲热带、亚热带。我国约有10属80种，主要产于西南。其中如厚补的树枝入药；玉兰、含笑、白兰的花可熏衣服；鹅掌楸可做绿化植物用。

　　木兰，有数种，既有落叶小乔木也有落叶小灌木。叶倒卵形或倒卵状长椭圆形。早春时叶没出花先开，花大，外面紫色，内面近白色，微微带有香气。果实似玉兰，球果状。木兰产于我国中部，有悠久的栽培历史和丰富的栽培经验。干燥的花蕾入药，性温、味辛，功能散风寒、通鼻窍，主治头痛、齿痛。

玉兰，落叶小乔木。叶倒卵状长椭圆形。早春先叶开花，花大型，芳香，纯白色。果呈球果状。产于我国中部，栽培经久，观赏用。

广玉兰，又叫荷花玉兰、洋玉兰，常绿乔木。叶卵状长椭圆形，厚革质，上面光亮，下面被暗黄色毛。夏季开花，花大型，白色，芳香。果实似玉兰。原产美洲，我国长江流域以南各地均有栽培。可供观赏；花含芳香油，可制鲜花浸膏。

木莲，常绿乔木。叶革质，倒披针形，全缘。初夏开花，花单生枝顶，白色，似玉兰而花被较狭。果实为球果状，卵圆形，红紫色。产于我国西南和东南部。供观赏。果入药；木材可制家具、细木工等。木莲约十余种产于我国，归为木兰科木莲属，以木莲最普遍。

八角茴香，木兰科，常绿小乔木。叶披针形至长椭圆形。全缘，有香气。初夏开花，花生叶腋，花被多片。果实呈星芒状，红棕色。含一种子，产于我国西南。果实香气甚烈，可做调味品，或提取香料。

五味子，木兰科，缠绕小灌木。单叶，互生。花单性，腋生，有细长花梗。果实为多数小型浆果排列在伸长花托上所成的穗状聚合果，下垂。我国约有18种，归为五味子属，其中北五味子果深红色。南五味子有8种，归南五味子属，单叶互生，花生叶腋，有花梗。果为数枚小浆果集成的球形聚合果，下垂。五味子入药，功在利肺肾、涩精气。

杨柳科

杨柳科植物多数是我们生活中常见的种类，有乔木有灌木。叶互生，单叶，有托叶。花单性，雌雄异株，柔荑花序，苞被各有一花，花被一般都缺。雄蕊二至多数，子房一室，柱头有2～4枚。果为蒴果，2～4瓣。种子多枚，基部有一簇丝状长毛。这就叫杨花柳絮，春季成熟时漫天飞舞，人们又叫这为"六月雪"，污染环境。

杨柳科有3个属，约242种。这些植物几乎分布在我国南北各地，为广布种类之一。

由于杨柳科植物大多数生长迅速，并能用插条方法进行繁殖。所以，被普遍作为绿化树种。大多数种类材质轻松，可制作小器具；柳树树皮含单宁及柳酸，供工业用或药用；木材可烧炭，可制造火药；可做柳编等物品。

响叶杨，杨属，落叶乔木，高可达 30 米。叶卵状三角形，钝锯齿，顶端渐尖，基部具二腺体，叶柄长 2～7 厘米，扁平。杨属植物都先开花后长叶，花序飞絮在树叶放开以后，雌雄异株，雄株不飞絮，可做绿化树木。苞片褐色，深裂。蒴果二裂。分布于我国西北、中部、东部和西南地区。适生于湿润的中性、酸性土，最喜光，生长较快。木材供建筑、制器具、造纸等用。响叶杨是长江中下游山地常见树种。

胡杨，新疆戈壁的独特树种，耐干旱、风沙，落叶乔木，高约 15 米，叶无毛，带灰色或蓝绿色。长枝叶披针形、线状披针形，全缘或有稀锯齿；短枝叶卵形，扁卵形、肾形。为西北河流两岸地下水较高的地方造林树种。

旱柳，落叶乔木，高达 18 米。枝直展或斜上伸长，小枝淡黄色或绿色。叶披针形，有锯齿。早春先叶开花，雌雄异株。雌花有二腺体。果实和种子同垂柳。分布于我国东北、华北平原、黄土高原、淮河及黄河流域，耐旱、耐寒，也耐水湿；最喜阳光，生长快。木材白色，轻软，供建筑、制器具及火药等用。嫩枝可编织工艺品、家具。属蜜源植物，有较好的防风、固沙、保持水土流失作用，是绿化的优良树种之一。其变种龙爪柳，小乔木，枝条扭曲向上，栽培供观赏。

垂柳，落叶乔木，高达 18 米。小枝细长下垂，枝条柔软，叶披针形或线状披针形，有锯齿。早春先叶开花。雌雄异株，雌花有一腺体。蒴果。种子小，有白色丝状长毛，又称柳絮。产于我国长江流域及南方平原地区。水边常见。如西湖的柳岸闻莺，栽的就是垂柳。垂柳木材轻软，可供矿柱、砧板、家具等用。

山毛榉科

　　山毛榉科植物又叫壳斗科，果实为具有一粒种子的坚果，比如橡子，种子包藏于橡碗里，故名壳斗。

　　山毛榉科植物有落叶乔木和灌木，也有常绿乔木和灌木。叶为单叶，互生，叶边缘有的全缘，有的齿状缺刻，有的羽状分裂。雌雄花同株，雄花花序有柔荑花序和头状花序；花被4～8裂，雄蕊4～20枚不等；雌花单生或簇生，花被4～8裂，子房下位。果实为坚果，总苞外面有针刺或鳞片。

　　山毛榉科约有7个属，600种以上，分布于北半球温带或亚热带。我国有6个属，300种以上。代表种有板栗、苦槠、柞、栓皮栎等。

　　山毛榉，又名水青冈，落叶乔木，高达25米。叶卵形，长6～15.5厘米，有疏锯齿。初夏开花，花淡绿色，雄花序头状，雌花序柄长3～6厘米。

壳斗四裂，外被多数细长卷曲毛状的苞片。坚果两个，卵状三角形。产于我国长江流域及以南地区。该树耐荫，喜温湿气候，生长较慢。木材纹理直，结构细，是制家具、地板及三合板工业生产的优良原材料，经济价值很高。

　　板栗，落叶乔木，高可达20米。无顶芽。叶呈椭圆形，疏生刺毛状锯齿。初夏时开花，花单性，雌雄同株；雄花呈直立柔黄花序。壳斗大，球形，具密刺。坚果2～3个，生于壳斗中。板栗坚果可食，被誉为木本粮油，其淀粉含量极高，营养丰富，特别是辽宁、吉林的集安、陕西、山西、河北的板栗坚果个大色鲜艳，含糖高，是板栗中的佳品。板栗喜光，根深，适生于酸性或钙质土壤，是具有悠久栽培历史的经济树种。木材坚实，纹理通直，结构粗，耐久，是地板、坑木、造船、车辆等用材树种。壳斗可烧活性炭，树皮可制栲胶，叶可饲养柞蚕。

　　栲，山毛榉科，栲属。如红栲、毛栲、罗芙栲都是著名的亚热带树种，红栲又叫刺栲，常绿乔木，叶长椭圆状披针形或披针形，常常全缘，下面密被褐色鳞状毛，叶柄长6～12毫米。春季开花，雌雄花同株。果穗长达10厘米。总苞球形，密生展开而有分枝的刺，金色果实，隔年成熟。红栲产于我国东南部至西南部。喜温湿性气候及酸性土壤，耐荫。木材坚硬致密，可做支柱、船橹、轮轴等；树皮含单宁，可制栲胶或染渔网；种子富含淀粉，可供食用。

　　毛栲又称南岭栲，叶长椭圆形，比红栲大，基部心形，下面密被灰白色鳞毛，叶柄长仅2～3毫米。产于我国东南部。

樟科

　　樟科植物在双子叶植物中是具有芳香气味的一类香木或灌木。单叶互生，多为常绿树种。

　　花很小，或黄或绿色，两性或单性，辐射对称，呈腋生的圆锥花序、聚伞花序、总状花序、伞房花序或丛生花序；花被6裂，很少为4裂，雄蕊3～4轮，每轮3枚，花药以舌瓣状开裂；子房上位，一室一胚珠。果实为浆果或核果。

　　樟科植物约有31属，2250种以上，分布于热带和亚热带地区。我国约有22属，300余种。主要产于长江流域以南各地，以南部和西南部为最多，为组成森林的重要树种。

　　香樟，常绿乔木。叶互生，卵形，上面光亮，下面稍灰白色，近基部出三大脉。初夏开花，花小型，黄绿色，圆锥花序。核果小球形，紫黑色。广布于我国长江以南各地，以台湾为最多。适应于丘陵及平原的酸性土壤。植物体全体有樟脑香气，可防虫蛀；亦可提取樟脑和樟油，供工业及医药业用。樟木材质坚硬、纹理美观，适合制作家具，可经久耐用。特别是由樟木制作的衣箱，可防虫蛀，是绿化、用材的好树种。

另有臭樟，叶椭圆形或椭圆状披针形，较前种叶为大，约7～15厘米。产于云南、四川、湖北等地，用途同前。

玉桂，樟科，又称肉桂、牡桂、筒桂，常绿乔木。叶对生，革质，长椭圆形，基出三大脉。夏季开花，花小型，白色，圆锥花序。果实球形，紫红色。产于广东、广西、云南。亦见于越南、缅甸和印尼。木材纹理直，结构细，可制家具。树皮极香，入药功在温肾补火、祛寒止痛。

月桂，樟科，常绿乔木。叶长椭圆形，薄革质，揉碎后有清香气。早春开花，花小型，黄色，簇生，雌雄异株。原产于地中海地区。我国亦有栽培，观赏植物。叶和果皆可提取芳香油，叶又是做罐头的矫味剂。

山葫椒，又名牛筋树，樟科，落叶灌木或小乔木。叶阔椭圆形，下面被毛，叶脉羽状。春季开花，花黄色，雌雄异株，伞形花序。果实黑色。产于我国中部或南部。叶和果可提取芳香油。枝、叶可制线香。

乌药，樟科，常绿灌木或小乔木。叶革质，椭圆形，有三大脉，下面灰色，被毛。春季开花，花小型，淡黄色，雌雄异株，伞形花序。果实黑色。分布于我国中部的东部。叶和果可提取芳香油。根入药，产于浙江天台的为著名的"天台乌药"。

十字花科

086

　　十字花科植物都为草本，或一年生，或多年生。基生叶叠旋形排列，茎生叶多为互生，无托叶，全缘或为各式的羽状分裂。花两性，辐射对称，通常呈总状花序；萼片4枚，分离，侧生，2枚较大，基部囊状；花瓣4枚，呈十字形排列；雄花通常6枚；4长2短，称做四强雄蕊；雌蕊由二心皮构成，子房上位，一室，常由假隔膜隔成两室。果实为长角或短角果。种子小，子叶通常有边缘靠胚轴、背靠胚轴和折合三种排列方式。

　　十字花科植物约有350属，3000种以上。主要分布北温带、地中海一带。我国大约有60属，300种左右，分布几乎遍布全国各地，以西北旱地居多。

　　代表种有白菜、甘蓝、芥菜、油菜、萝卜、芜菁等人们日常蔬菜和油料作物。有些种类入药，如大青。有的可供观赏，如桂竹香、紫罗兰。

松蓝，十字花科，一或两年生草本。叶从基部长出，叶片较大，长椭圆形，具柄，茎生叶长椭圆披针形，基部箭形，半抱茎，全缘或有不明显的细锯齿。花小，黄色，总状花序，在枝端合成圆锥花序。角果长椭圆形，扁平，边缘呈翅状，有短尖。原产欧洲，我国也有栽培。

　　大青，十字花科，两年生草本，全株带粉绿色。叶长椭圆形或长倒卵形，全缘或有微锯齿，抱茎，基部有宽圆形垂耳。春季开花，花小，黄色，排成圆锥花序，花梗细长而下垂。角果长椭圆形，扁平，边缘呈翅状，顶端钝圆或截形。产于我国江苏、河南、广东、福建等地。根又叫板蓝根，叶叫大青叶，均可药用，有清热、凉血、解毒作用。

　　荠菜，十字花科，一或两年生。基出叶丛生，羽状分裂，叶被毛茸，柄有窄翅。春季开花，花小，白色，总状花序顶生或腋生。短角果倒三角形，内含多枚种子。性喜温暖，耐寒力强。分布几乎遍布全国各地。叶可食，全草入药。

　　辣根，十字花科，多年生宿根草本。肉质根外皮较厚，黄白色。肉白色，有强辛辣味。叶披针形，边缘有缺刻，冷凉期间生出的叶片缺刻深而有变形，有长叶柄。冬季地上部分枯死。春季开花，花小型，白色。种子成熟迟缓。喜凉，可人工栽培。根入药，有利尿、兴奋作用。

　　花椰菜，又叫菜花，十字花科，甘蓝的一种。叶长卵状圆形，先端稍尖，叶柄稍长。花轴分歧而肥大，先端集生无数白或淡黄白色花枝，成为球形。性喜温暖气候，耐寒或耐热能力均弱。春秋两季栽培，日常蔬菜。

ok

蔷薇科

088

　　这是一类与人们关系极为密切的植物，既有果品，又有花卉；既有木本，也有草本，而且种类多样，分布广泛。

　　梨为乔木，玫瑰为灌木，草莓为草本，月季为花卉。枝干常有刺，有的呈攀援状。叶互生，有托叶，偶尔无托叶；单叶或多叶；花两性，辐射对称；花萼5裂，下部连合；花瓣5枚，少有4枚者；雄蕊复数，连同花萼、花瓣生于子房的周围呈杯状构造的上缘，心皮一至多个分离或合生，子房上位或下位。果实多梨果、核果、瘦果、浆果等。蔷薇科植物约有100多个属，3000多种，广泛分布于全球各地。我国有50多个属，达1000多种，分布在全国各地。代表种有桃、李、梅、杏、梨、山楂、苹果等。

　　草莓，多年生草本。有匍枝。复叶，小叶三片，椭圆形，初夏开花，聚伞花序，花白色或略带红色。花托增大变为肉质，瘦果夏季成熟，集生花托之上，合成红色聚集状体。栽培广泛，品种众多，为富含维生素营养的果品。

山楂，落叶乔木。叶广卵形或三角状卵形，羽状裂5～9裂，叶脉上有短柔毛。伞房花序，花白色。果实球形，红色，有褐色斑点。秋季成熟。产于我国各地。山楂果实味酸甜，含丰富的维生素C，可制山楂糕、山楂酱、果汁、果酒、果丹皮等。开胃消食，入药治饮食积滞。

苹果，落叶乔木。幼枝和叶上有绒毛。花淡红或淡紫红色，边缘色泽较深。大多数品种自花不孕须种植授粉树，果实由子房和花托两部分发育而成，子房形成果心，花托形成果肉。果实有圆、扁圆、长圆等形，果皮青、黄或红色。品种极多，为水果中的常见常食种类，深受人们喜欢。

桃，落叶小乔木。叶阔披针形或长椭圆形，具锯齿。花淡红、深红或白色。核果近球形，表面有毛茸。多用嫁接繁殖。原产我国，以华北、华东、西北最多。果生食加工均可，为果中佳品。花入药。

梅，落叶乔木。叶阔卵形或卵形，边缘有细锐锯齿。芽为落叶果树中萌发最早的种类。花先叶开放，以白色和浅红色为主。核果球形，未熟青色，成熟黄色，味极酸。

李，落叶乔木。叶长椭圆形至椭圆形倒卵状，边缘有锯齿。花白色，果圆形，皮紫红、青绿或黄色都有。果肉暗黄或绿色，近核部紫红色。果实成熟期为5～8月。由于李树栽培悠久，形成许多品系，果实各具特色，分布也相当广泛。除我国外，欧美洲也广为栽培。

ok

豆科

　　豆科植物是双子叶植物中的大科。它包括黄豆、豆角等许多经济作物和蔬菜，所以，具有很重要的地位。

　　豆科植物既有草本，又有藤本；有乔木也有灌木。叶子多数为复叶。花冠呈蝶形；雄蕊通常10枚，大多数9枚合生，1枚分离；心皮1个，子房上位，一室，一至数个胚珠。果实通常为开裂的荚果。

　　豆科植物约有600属，1.3万多种，几乎遍布地球上每个适宜植物生长的地方。我国有127属，1200多种，各省均有分布。

　　人们日常生活中的食用油，主要来自豆科植物，如大豆、落花生；蚕豆、豌豆、四季豆是人们喜欢的青菜；木蓝、苏木为染料植物；甘草、黄耆可入药；紫檀为木材中的佳品；紫穗槐为蜜源植物。

　　除了上面这些豆类作物，还有很多植物都属于豆科这个大家族，如合欢树、紫荆、紫藤、国槐、紫檀、红豆树等。

豆科植物的根与根瘤菌伴生，可固着游离的氮，使植物增产。

大豆，又叫黄豆，一年生草本。茎直立或半蔓生，茎、叶和荚果均被茸毛。复叶，小叶三片。短总状花序，花白色或紫色。荚果，结荚习性分有限结荚和无限结荚。种子椭圆形至近球形，有黄、青、褐、黑各种颜色。大豆为我国特产，尤以东北大豆质量最佳，是植物中含蛋白质、脂肪最高的作物。不论在食用上还是在工业上都有重要的用途。

花生，一年生草本。根部多根瘤。茎匍匐或直立，有棱，被茸毛。按茎的生长习性可分丛生、蔓生等类型。复叶羽状，小叶四片。花单生或簇生于叶腋，黄色。花受粉后子房柄迅速伸长，钻入土中，子房发育成茧状荚果。种子长圆、长卵或短圆形不等，淡红花。喜欢干燥沙土地环境。原产巴西，我国广为栽培，以黄河下游产的质量最优。现已形成多个品系。种子富含蛋白质、脂肪，是食用及加工的重要原料。

紫藤，高大木质藤本。奇数羽状复叶，成熟后无毛。春季开花，蝶形花冠，青紫色，总状花序。荚果长10～15厘米，密生绒毛。产于我国中部，栽培历史悠久，花与种子可食，皮可织物，果入药，驱虫解毒。

根瘤是豆科植物的一个共同特征。豆科植物的根与土壤中的根瘤菌共生，形成根瘤，而这种根瘤将植物无法吸收的空气中的氮转化成能被植物吸收的有机氮化合物。棉花与小麦常和豆科植物种植在一起，这是因为棉花与小麦的根可以分泌一些物质，促进豆科植物根瘤的生长，根瘤转化的硝酸盐可以增加土壤的肥力，它们在一起互惠互利，共同受益。

芸香科

　　这类植物多数为木本，灌木多乔木少，只有极少数为草本。叶有互生、对生，单叶与复叶；叶片正常有透明的腺点。花通常两性，有显著的花盘；萼片和花瓣各4～5枚；雄蕊与花瓣同数或为其二倍，个别种类甚至更多；着生于花盘的基部；子房由2～5枚合生或离生的心皮组成。果实为浆果或核果，有的为蒴果状。

　　芸香科植物植株及果实富含芳香油，充满香气。大约有150个属，1600多种，分布以热带和亚热带为主。我国有20多个属，约140种，分布黄河以南各地。代表种如柑、桔、黄檗、花椒、茱萸、芸香、佛手等。

　　花椒，灌木或小乔木，有刺。奇数羽状复叶，小叶5～11片，卵形至长椭圆状卵形，边缘有圆齿和透明腺点。夏季开花，花小型，伞房花序或短圆锥花序。果实红褐色，密生粗大突出的腺点。种子黑色。产于我国，野生或人工栽培都有。果实含有挥发油，可用做调味料；亦供药用，性热，味辛，功能温中止痛、杀虫、消肿。

茱萸，落叶乔木，有刺。奇数羽状复叶，互生，小叶11～27片，对生，狭长椭圆形至披针形，背面有灰白霜，边缘有圆齿，齿缘处有透明的腺总。夏季开花，花小型，甚多，伞房状圆锥花序，花瓣5片，黄绿色。果实红色，成熟时开裂。主要分布于我国东南部，如江苏扬州大运河出口处有个著名的茱萸湾，自古是文人墨客赏茱萸、赋诗词的好去处。果入药，暖胃燥湿；亦可用做调味。

金桔，常绿灌木或小乔木。单身复叶，叶翼小。每年开花3～4次，白色，通常五出。果实如鸽蛋大小，金黄色，秋末冬初成熟。果皮微甜，果肉甜中带酸。叶和外果皮有油腺。耐寒、抗病力强。原产我国，分布于长江流域以南各地。品种有金弹、金枣、圆金柑、金豆等。

柑，常绿灌木及小乔木。单身复叶，叶翼小。春末夏初开花，花单生或纵生。果扁圆形，红或橙黄色，味酸甜不一。果皮薄，容易剥下。成熟时10～11月。品种甚多，品质也不一样。果可食，亦可加工果品，果皮、核、叶均入药。通常把果实直径大于5厘米、果皮橙黄色、较粗厚、顶端常有突起的叫柑，如碰柑（蜜橘）、蕉柑（暹罗蜜橘）。直径小于5厘米、果皮朱红色或橙黄色、较细薄、顶端突起的种叫橘，如红橘、黄岩蜜橘。

佛手，常绿小乔木亦有灌木。叶长椭圆形，先端钝，有时有凹缺，边缘有微锯齿，叶腋有刺。初夏枝梢叶腋开花，花瓣上部白色，基部紫赤色。果实冬季成熟，鲜黄色，基部圆形，上部分裂如掌，呈手指状，果肉几乎完全退化，香气浓郁。原产亚洲，后在我国各地均有栽培，可做蔬菜，可入药。

大戟科

　　大戟科植物是植物体内含有白色乳汁的一类，当然不是所有含乳白液汁的植物都是大戟科的，但大戟科的一定含乳白液汁。有草本，有灌木也有乔木。叶通常互生，单叶，很少为复叶，有托叶，叶茎部或叶柄上有时具腺体。花单性，雌雄同株或异株，聚生成各种花序；有些种类有花萼而无花瓣，又有花萼、花瓣都缺的；雄蕊少数至多数，分离或合生；子房上位，通常三室。果实多数为蒴果，成熟时分裂三瓣；有时不开裂而为浆果状或核果状。种子有丰富的胚乳。

　　大戟科植物约有290属，7500种，广布于全球。我国约有60属，3600种，全国各地几乎都有分布。

　　大戟科植物多数有毒，但其中有许多是经济植物，如乌桕、蓖麻、橡胶树、油桐等；也有一些入药，如巴豆；而木薯可食，一品红可供观赏。

　　巴豆，常绿灌木或小乔木。叶卵形至长卵形，基出三大脉。夏天开花，花小，单性，雌雄同株，顶生总状花序。蒴果分三室，每室一种子。产于我国云南、四川、广东、台湾等省。种子含巴豆油和毒性蛋白质。入药主治便秘，腹胀水肿。

　　蓖麻，一年生草本，在南方可成小乔木。全株光滑，被蜡粉，通常是绿色或青灰、紫红色。茎圆形，中空，上部分枝。叶大，互生，掌状分裂。顶生圆锥花序，花单性无瓣，雌花着生上部，花柱淡红色；雄花生于下部，花丝多分枝。蒴果，有刺或无刺。种子椭圆形，种皮硬质，有光泽并具黑、白、棕色斑纹。喜高温，不耐霜，耐碱、耐酸，适应性强。我国栽培较广。种子含油量高，为重要工业原料，可制润滑油、媒染剂、印油、塑料等；药用可做缓泻剂。叶可饲养蓖麻蚕。根、茎、叶、种子皆可入药。

　　木薯，亚灌木。有肉质长圆柱形块根。茎直立光滑，含乳汁。叶互生，掌状3～7深裂，裂片披针形至长椭圆状披针形。腋生疏散圆锥花序，花单性，雌雄同株，无花瓣。蒴果球形，有纵棱六条。原产美洲。我国南方广为栽培。块根富含淀粉，可食用。茎叶可做饲料。

　　一品红，又名猩猩木，落叶灌木。叶卵状椭圆形至披针形，下部的叶绿色，花序下的叶鲜红色。杯状花序，生于枝顶。原产墨西哥，现我国广为栽培，冬末初春观赏植物。

　　橡胶树，又称三叶橡胶，常绿乔木。干皮富含乳浆。三小叶复叶；互生，小叶椭圆状披针形，全缘，无毛。春季开绿色小花，单性，雌雄同株，圆锥花序。蒴果大、三裂。种子卵圆形，褐色，有银灰色斑块。原产巴西，引入我国后广为栽培，是生产橡胶的重要材料。

ok

漆树科

漆树科植物乔木或灌木都有，树皮含树脂。叶常互生，单叶或羽状复叶。花小，两性或单性，常辐射对称，呈顶生或腋生圆锥花序；萼片和花瓣各3～5枚，或缺花瓣；雄蕊常10枚；有环状花盘；子房上位，常一室，仅一胚珠发育。果实为核果。

漆树科有79个属，6000种以上，我国有15属，约34种，在长江以南最盛。其中漆树所产的漆、盐肤木枝叶上新生虫瘿即五倍子，尤有经济价值；人面子的果可食，黄栌的木材可做黄色染料。

腰果树，又名鸡腰果，常绿大乔木。单叶，互生，革质，长椭圆状卵形，全缘。花黄色，有淡红条纹，圆锥花序。果实心形或肾形，长约25毫米。果柄肉质，陀螺形，黄或红色。原产南美，现产印度、马来西亚、斯里兰卡和马达加斯加。果柄可酿酒，种子可食，果壳榨油制绝缘油

漆、防水纸。木材可制器具。

芒果，常绿乔木。叶革质，长圆状披针形，常丛生于枝顶。花小而多，红色或黄色，顶生圆锥花序。果肾形，淡绿色或淡黄色，果肉多汁。内果皮核状，附有纤维。果实一般于夏季至秋初采收。性喜高温。原产于亚洲南部，我国台湾栽培最多。为热带著名果品。果皮入药。叶、皮为黄色染料，亦含胶质树脂。

黄连木，落叶乔木，高达 25 米。偶数羽状复叶，小叶 10～14 个，披针形，先端长尖，基部斜歪，全缘，幼时有毛，后无毛或近无毛。春季开花，雌雄异株，圆锥花序。核果近球形，红色或紫蓝色。广布于我国各地。适应性强，喜光，深根性，生长较慢。木材黄色，坚硬、细致、耐久。嫩叶可食，可代茶叶用。果可榨油。

漆树，落叶乔木，高达 20 米。有乳汁。小枝粗壮。奇数羽状复叶，小叶 7～13 个，椭圆形、卵形或卵状披针形，全缘，下面微有毛。初夏开花，花小，黄绿色，杂性或雌雄异株，圆锥花序腋生。核果扁球形，黄色，无毛，平滑。分布于我国甘肃至山东一带以南各地。中果皮所含油脂及种仁所含油脂均为工业原料。木材黄色，细致，可制器具。

盐肤木，又称五倍子树，落叶小乔木或灌木。奇数羽状复叶，叶轴有翅，小叶 7～13 个，长椭圆形、卵状椭圆形或卵形，具粗钝齿，下面密生灰褐色绒毛。秋季开黄白色小花，杂性，圆锥花序顶生。核果小，橘红色，有短毛。分布于我国黄河流域以南至四川、云南各地。叶轴及小叶下常生虫瘿，称五倍子，菱角状，富含单宁，为化工原料。亦可入药。木材细腻，可制细木工板等。

无患子科

　　无患子科植物乔木灌木都有，只有少量攀援草本。叶常互生，羽状复叶，很少为单叶。花单性或杂性，辐射对称或左右对称，常小型，呈总状花序或圆锥花序；萼片4～5枚，花瓣4～5枚，有时缺；花盘发达，雄蕊8～10枚；子房上位，大多数三室，三深裂，每室常具一胚珠；果实为蒴果、浆果、核果等，种子无胚乳，有时具假种皮（俗称果肉）。

　　无患子科植物有140属，约1500种以上，广布于热带及亚热带。我国有24属，约41种，各地均产，但以西南及南部地区为多。代表种有龙眼、荔枝、栾树、文冠果等。

　　无患子，落叶乔木。偶数羽状复叶，小叶椭圆状披针形，全缘。夏季开花，花小型，淡绿色，圆锥花序。核果由一分果所成，球形，黄棕色。产于我国各地，亦见于日本。果皮可代替肥皂，又可制农药；种子榨

油制皂、润滑油；木材一般，但适合制梳；根、果可入药。

龙眼，又称桂圆，常绿乔木。偶数羽状复叶，小叶4～6对，长椭圆形，革质，光滑无毛。圆锥花序，花小，花瓣黄色。果实球形，壳淡黄或褐色。假种皮鲜时白色。原产亚洲热带，我国以两广最多。再就是福建。树冠繁茂，树形优美，常一丛数棵，亦可做防护林。材质好，造船、雕刻皆可。果实营养丰富，果肉入药，利心肺，养心安神。

荔枝，常绿乔木，高可达20米。偶数羽状复叶，小叶长椭圆形或披针形，革质，侧脉不明显。圆锥花序，花小，绿白或淡黄色，无花瓣。果尖心形或球形。果皮具鳞斑状突起，鲜红色、紫红色、青绿色或青白色。假种皮鲜时半透明凝脂状，多汁，味甘美而有佳香。产于我国两广、福建、四川、云南、台湾等地。木质坚实，果为佳品，果壳、根、干皆可提取栲胶。

韶子，又名红毛丹，常绿乔木。偶数羽状复叶，小叶常2～3对，椭圆形至长椭圆形，全缘。花小，雌雄异株，圆锥花序。果实椭圆形至椭圆状球形，密被软刺，红、黄或橙色，干时黑褐色。刺长1厘米以上，锥形，顶端钩状。假种皮半透明，多汁，味酸甜。优良果品。产于印度、马来西亚和我国广东、云南等地。

文冠果，落叶灌木或小乔木。奇数羽状复叶。春季花先叶开放。杂性株，花瓣白色，基部有一斑点，初时黄，后变红，总状花序。果壁厚，裂开。产于我国北方各地。种子可食，花好看，木材可做家具。

栾树，落叶乔木，可达10米。奇数羽状复叶，小叶有缺齿，缺裂或深裂为不完全的二回羽状复叶。夏季开花，黄色，圆锥花序顶生。秋季果熟，蒴果，三角状卵形。产于黄河流域。

锦葵科

　　锦葵科植物多为常见、熟悉的身边种类，如棉、苘麻、扶桑、木芙蓉等。

　　有草本，也有灌木或乔木。叶互生，单叶，掌状脉。花一般为两性花，辐射对称，萼片5枚，其下常有呈总苞状的小苞，花瓣5枚；雄蕊常多数，花丝合成一柱，多与花瓣基部合生，花药一室；子房上位，二至多室。果为蒴果，或分离成数个小干果，偶有肉质果。

　　锦葵科约有85属，1500种左右，分布于温带及热带。我国有13属，53种，南北各地均产。

　　苘麻，一年生草本。茎被细毛，青或红紫色。叶心形，被短毛。花单生叶腋，钟形，黄色。蒴果呈磨盘形。种子肾形，淡灰或黑色。短日性，喜光，耐低温。具有悠久的栽培历史。茎韧皮纤维可制麻袋、绳索和造纸。

种子可入药，还可榨油制皂。

亚麻，一年生草本植物，除了其纤维可织布外，种子还是优良食用油料。麻和大麻的纤维也可用于纺织。对于麻的利用，早在5000年前就开始了，埃及人用亚麻纤维织布做衣。亚麻布凉爽透气，是近年来备受欢迎的纺织品。

锦葵，两年生草本。叶圆形或肾形，5～7浅裂，有圆锯齿。初夏开花，花簇生于叶腋，花冠淡紫色，有紫脉，美丽，为园艺植物，供观赏。

木槿，落叶灌木。叶卵形，往往三裂，有三大脉。夏季开花，花单生叶腋，花冠紫红色或白色。产于我国和印度。可做绿篱。树皮、花均可入药。

扶桑，灌木。叶卵形。花生于上部叶腋；花冠大型，红色，单体雄蕊甚长，伸出花外。产于我国，栽培于南方。

棉，一年生草本或多年生灌木。全株均有油腺，茎有毛或光滑，青或紫色，分枝有营养枝和果枝。叶互生，掌状分裂。花腋生，乳白色、黄色或紫色，开后常变化。蒴果3～5裂，种子密生长纤维和绒毛。为重要工业原料。棉花洁白柔软，既有弹性，又很坚韧，很早以前就被人们大量种植了，用棉花织成的布又保暖又吸湿，对皮肤有很好的保护作用，近年来成了人们追逐的时尚。

桃金娘科

　　这类植物多数是木本，灌木或乔木都有。叶一般为对生，很少互生；单叶，多全缘，有透明的油腺斑点，无托叶。花两性，辐射对称；萼片和花瓣常各4～5枚；雄蕊甚多，分离，或成束；子房常下位，一至数室都有；有少数至多数胚珠。果实为浆果、蒴果。

　　桃金娘科约有100个属，近3000种，几乎全部产于热带。我国现有8个属，约65种，后引进了6个属，如桉属、蒲桃属。

　　桉树，约600种，原产澳大利亚及马来西亚，广泛引种于亚洲热带、亚热带各地，我国四川中部及长江以南各地栽培最多的有大叶桉、细叶桉、柠檬桉。桉树多为常绿乔木。枝、叶、花有芳香。叶通常互生，有柄，羽状脉，全缘，多为镰刀形。早春开花，花白、红或黄色，多为伞形或头状花序，萼筒常为倒圆锥形，萼片与花瓣连合成帽状体，开花时脱

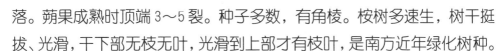

落。蒴果成熟时顶端 3～5 裂。种子多数，有角棱。桉树多速生，树干挺拔、光滑，干下部无枝无叶，光滑到上部才有枝叶，是南方近年绿化树种。

桉树一般都长得十分高大，常常超过 60 米。世界上最大的一株桉树，它的树身高达 155 米，约有 50 层大楼那么高，这个高度比起其他树木的高度来说，当然是数一数二的。在我国，种植的桉树有大叶桉、赤桉、细叶桉和柠檬桉。柠檬桉的生长速度快，叶子形状像桃树叶子，为长条形，能长出一种叫柠檬的东西。初夏，叶子中发出的这种柠檬香飘满小城院落，使人感到心情舒畅，精神爽快。同时还能驱逐蚊虫，杀死空气中一些病菌，因此，它是绿化庭院最好的树种。

桃金娘，常绿灌木。叶对生，椭圆形有基本三大脉，下面被毛。夏季开花、花淡红色。浆果大如樱桃，熟时暗紫色。可食用。产于福建、两广及台湾。根入药，功能活血通络。

蒲桃，常绿乔木。叶对生，革质，披针形，有透明腺点。夏季开花，花大，白色，雄蕊多数，顶生聚伞花序。果实为浆果，球形或卵形，淡绿色或淡黄色。每一果实含种子一至二粒。产于海南省。果可食。

番石榴，常绿小乔木或灌木。叶对生，长椭圆状椭圆形，全缘，侧脉极明显，背面有茸毛。夏季开花，花白色，单生或 2～3 朵同生一细瘦总柄上。浆果球形，肉淡黄至淡红，可食。

山茶科

  山茶科植物乔木或灌木都有。单叶、互生，无托叶。花两性，辐射对称，单生，有时簇生；萼片和花瓣常各5枚；雄蕊甚多，分离，有的茎部结合或集成5束；子房上位，大多数3～5室，每室有二至数胚珠；果实为裂开的蒴果，近木质，有时肉质不裂。

  山茶科约有35属600种，分布于热带及亚热带。我国约15属以上，近200种。主要产在长江以南。代表种有茶树、木荷等。

  山茶，常绿灌木或小乔木。叶革质，卵形，上面光亮，边缘有细齿。冬春开花，花大型，常大红色。园艺上品种甚多，单瓣重瓣，花色多有变化。产于我国、朝鲜和日本。久经栽培，为著名观赏植物。种子可榨油，花入药。

  茶，常绿灌木。叶革质，长椭圆状披针形或倒卵状披针形，有锯齿。

秋末开花，花1～3朵腋生，白色，有花梗，蒴果扁球形，有三钝棱。产于我国中部至东南部，广为栽培。茶为我国特产著名饮料，由于产地不同、加工方法不同，有龙井、毛峰、旗枪、矛尖、井岗云雾等。加工工艺不同，有绿茶、红茶之分。常饮茶助消化、通七窍、兴奋中枢神经，有益身心健康。

木荷，常绿小乔木。叶革质，长椭圆形或椭圆形，有疏锯齿。初夏开花，花白色，具芳香，伞房花序。蒴果扁球形，木质，有毛。产于我国中部至南部。木质坚硬密实，可做家具、纱锭、胶合板，树皮可醉鱼，适于观赏。

厚皮香，常绿小乔木。叶革质，长椭圆状倒卵形，全缘。夏季开花，花生于新枝下部，淡黄白色，芳香，有长梗，向下弯曲。蒴果红棕色。产于我国中部至南部。材质好，宜木雕；种子可榨油，制皂；树皮可制栲胶。

金花茶，1960年，我国科学工作者首次在广西南宁一带发现了一种金黄色的山茶花，被命名为金花茶。金花茶属于山茶科、山茶属，与茶、山茶、南山茶、油茶、茶梅等为孪生姐妹。金花茶为常绿灌木或小乔木，高2～5米，其枝条疏松，树皮淡灰黄色，叶深绿色，如皮革般厚实，狭长圆形。金花茶果实为蒴果，内藏6～8粒种子，种皮黑褐色。金花茶4～5月叶芽开始萌发，2～3年后脱落。11月开始开花，花期很长，可延续至翌年3月。金花茶数量有限，被誉为"茶族皇后"，是我国一级保护植物，叶可泡茶，也有药用价值，种子可以榨油。

伞形科

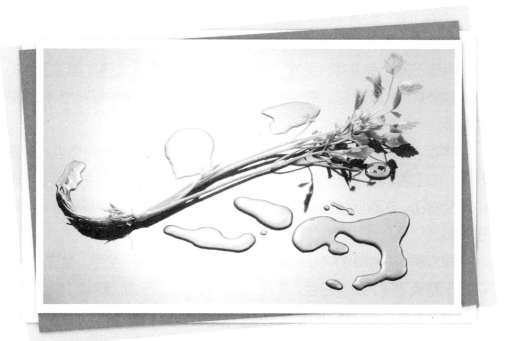

　　伞形科植物大部分为多年生草本，常有香气。茎一般中空。叶互生，大部分为顶生或腋生的复伞形花序，承托于花序的苞片，合称"总苞"；萼片微小或缺；花瓣5枚；雄蕊5枚，着生于上位花盘的周围；子房下位，两室，每室有胚珠一枚。果实有棱和油管，成熟后分为两个悬垂的分果；各有一枚种子。

　　伞形科为双子叶植物中较大的科，约有植物300属，3000种以上，广泛分布于北温带、亚热带或热带高山上。我国约有60个属，近500种，各地均有分布。代表种有当归、柴胡、白芷、胡萝卜、芹菜、茴香、芫荽等。

　　防风，多年生草本。叶三回羽状分裂，裂片狭窄。夏秋开花，花白色，复伞形花序。果上有瘤点。根含挥发油。入药治风寒、头痛。产于我国东北，四川、云南、贵州亦有近似种分布，名川防风或云防风，作用相当。

胡萝卜，两年生草本。根圆锥形，紫红、橘红、黄、白色都有。品种亦多。肉质根可食，富含胡萝卜素。叶柄长，三回羽状全裂叶，裂片狭小。复伞形花序，花小，白色。果实小，有刺毛。原产地中海沿岸地区，后传入我国，现已广泛栽培。

芫荽，又名香菜，一年或两年生草本。全株光滑，有特殊香味。基出叶一至二回羽状全裂，裂片卵形；茎出叶二至三回羽状全裂叶，裂片线形，全缘。春夏开花，花小，白色或紫色，复伞形花序。原产地中海周围国家，后传入中国，以华北栽培广泛。叶可食，亦可入药。

茴香，多年生草本，作一二年生栽培。全株具强烈芳香，表面有白粉。叶羽状分裂，裂片线形。夏季开黄色花，复伞形花序。果椭圆形，黄绿色。果入药，温肝、肾，暖胃气。

旱芹，一二年生草本。基出叶为二回羽状全裂叶；叶柄发达，中空或实，绿色或绿黄色，有特殊香味。复伞形花序；花小，白色。叶柄可食，种子可做香料。全株入药，清热止咳、健胃、利尿、降压。

柴胡，多年生草本。茎直立。单叶，倒披针形或广线状披针形。秋季开花，花小型，黄色，复伞形花序。根肥大，入药可和解退热、疏肝解郁，主治寒热往来、胸肋胀满、疟疾。

杜鹃花科

　　因杜鹃在此科而得名，一般为灌木，即使是乔木也是小乔木，有的是草本。单叶，常互生。花两性，常辐射对称。花萼宿存。合瓣花冠，4～5裂，呈漏斗形、钟形或壶形。雄蕊从花盘基部发出，常为花冠裂片的二倍，很少同数，花药具有尾状附属物，顶上孔裂至全面纵裂，花粉形成四合体。子房有上位也有下位，2～5室。果实为蒴果、浆果、核果。

　　杜鹃科约82属，2500种左右，分布极广。我国约14属，大约700种左右，全国各地均有分布。

　　杜鹃花，又称映山红，半常绿或落叶灌木。叶互生，卵状椭圆形。春季开花，花冠呈阔漏斗形，红色，2～6枚簇生枝头。因为分枝多，所以植株虽然不多，花却极繁盛。杜鹃花的叶子呈卵状或椭圆状，叶面上有细细的疏毛，叶背的毛则较密。产于我国长江以南各地。在中国西南地区的横断山脉，杜鹃花种类极多。因此那里被誉为"世界杜鹃花的天然花园"和"杜鹃王国"。因为杜鹃花对土壤有严格的选择性，所以它成为酸性土壤的标示性植物。

羊踯躅，落叶灌木。叶互生，长椭圆形，边缘有睫毛状齿。春季开花，花鲜黄色聚生枝顶，十数朵呈半球形，花冠钟状漏斗形。多长在山坡草地，花鲜艳夺目，是供人欣赏的花卉之一。羊踯躅也是著名的药用植物，它金黄色的花冠不仅美丽，还可入药，有祛风，除湿、镇痛的功效。但其有毒，可伤人畜，应小心使用。

吊钟花，落叶灌木。枝轮生，叶互生，椭圆形，全缘，革质，聚生枝顶。早春开花，花5～8朵，有梗，下垂；花冠钟状，基部一侧膨大，筒部粉红或红色，裂片淡红色。分布于我国南部和西南部。花可供观赏。

南烛，落叶或半常绿灌木。叶互生，卵形或椭圆形，革质。春夏开花，花白色，总状花序腋生。蒴果近球形。产于我国湖南、福建、广东、云南等地。

红棕杜鹃，高2～6米，椭圆状披针形，叶面暗紫色，叶背有鳞毛，花序顶生，花冠呈漏斗状，花丝白色，花药紫红色，花柱白色。中国云南西部、四川西南部高山疏林中生长。

宽钟杜鹃，花冠呈宽钟状，白至粉红色，有深红色点，雄蕊不等长，花柱长于雄蕊。生长在海拔3200～4000米处的高山松林中，分布于中国的四川、云南等地。

萝藦科

　　该科多为草本、藤本或灌木，体内含有乳汁。单叶常对生，有时轮生或互生，全缘，无托叶。花两性，辐射对称，聚伞花序顶生或腋生呈伞状或总状；花萼和花冠各5裂，花冠裂片常外翻；雄蕊着生于花冠茎部，花丝合生成一管，将雌蕊包围，且有一列鳞片，形成5裂的副花冠；花药与柱头合生，花粉在每一药室内，结合1～2个蜡状花粉块；子房上位，有两枚分离的心皮包围在雄蕊柱内。种子有长毛。本科和夹竹桃科近似，但花丝合生，花药与柱头黏合，其花粉结成花粉状，故易区别。

　　本科约250属，2000种以上，分布热带地区。我国有42属，200余种，分布全国各地。代表种如白薇、萝藦、夜来香等。入药或工业上用途很广。

　　杠柳，落叶或半常绿缠绕灌木，全体含乳液。叶对生，广披针形，全缘。夏季开花，聚伞花序顶生于叶腋，花内面淡紫红色，副花冠线形，红色，有毛。野生山坡或石隙间，分布于我国"三北"地区。茎叶含乳汁，可提橡胶；种子榨油；根皮即五加皮，入药。叶和根皮可制取杀虫剂。

白薇，多年生草本，全株密被灰白色短柔毛，含白色乳汁。根茎短，簇生多数细长的条状根。茎直立，圆柱形。叶对生，椭圆形。夏季开紫褐色花，花簇生于叶腋。遍布全国各地。根入药，主治阴虚发热等症。近似种有蔓生白薇，花黄绿色，分布辽宁、山东、河北等地。

萝藦，又叫老太太针线包，多年生草本，缠绕于柳丛之中，茎含白乳汁。叶对生，心形。总状花序生于叶腋。夏季开花，白色，有紫红色斑点。种子上端具白色丝状毛。茎、叶、果实入药，主治肿毒。

夜来香，多年生缠绕藤本。叶对生，卵圆状心脏形。伞房状聚伞花序腋生。夏秋时节开花，花冠高脚碟状，黄绿色，香气浓，夜间尤盛，故名夜来香。原产热带亚洲。后在我国华东、华南广为栽培。除供观赏外，花可炒茶，做馔；根和花可入药，平肝明目。

徐长卿，又名一枝香，多年生草本。茎直立，单一。叶对生，线状披针形。夏季开花，淡黄带绿色，圆锥花序顶生于叶腋。分布全国各地。根入药，主治胃病。全株入药，治蛇毒。

旋花科

　　该类植物多为藤本，也有草本，个别的也有乳液。单叶互生，全缘或分裂，有时缺。花腋生，单生或为聚伞花序，两性，辐射对称，有苞片；花萼5裂；宿存；花冠通常钟状或漏斗状；雄蕊5枚，着生于花冠管上；子房上位，2～3室，每室有胚珠两枚，花柱通常单生。果实为蒴果，2～4瓣裂、盖裂或做不规则开裂；很少为浆果。种子4～6枚。

　　旋花科约51属，1600种以上，分布遍及全球各地。我国约有20属，90种，各地都产。

　　旋花科植物多数有肉质块根，含大量淀粉，可供食用，如番薯、蕹菜、菟丝子、牵牛花、茑萝、月光花等。

　　菟丝子，一年生缠绕寄生草本。茎细柔，呈丝状，橙黄色，随处生有吸盘附着寄生。叶退化，夏季开花，花细小，白色，常簇生于茎侧。蒴果扁球形。种子细小，黑色。种子入药，补肾肝、益精髓。

旋花，又叫打碗花，多年生缠绕草本，全株光滑。叶互生，长卵形或三角状卵形，基部戟形，叶柄与叶片几等长。夏季开花，花单生于叶腋，漏斗状，淡红色，萼的基部有叶状苞片两枚。蒴果球形。荒地上野生，分布遍及大江南北。根富含淀粉，可酿酒。

番薯，又叫山芋，地瓜，红薯等。热带多年生，温带以蔓繁殖。叶心脏形至掌状深裂。能开花结实。原产于美洲，适于沙壤土地。块根富含淀粉，可做粮食用，亦可酿酒。

蕹菜，又叫空心菜，一年生草本。茎蔓生，中空，有节，节上能生不定根。叶片心脏形，叶柄甚长。夏秋开花，花白色或淡紫色，形如喇叭。种子淡褐或黑色。是夏秋主要蔬菜之一。

牵牛花，一年生缠绕草本，具短毛。叶心脏形，通常三裂。秋季开花，花漏斗状，蓝色、淡紫色或白色。牵牛花的种子又叫黑丑、白丑，中医上入药，性寒、味苦、有毒，主治水肿腹胀、脚气。

月光花，草质缠绕大藤本，有乳汁。茎绿色，近平滑。叶互生，卵形，先端长锐尖，基部心脏形。秋季开花，花大，高脚碟状，质柔嫩，傍晚开放，洁白美丽。蒴果卵形。原产于热带美洲；现各地均有栽培。肉质花萼可供食用。

茑萝，一年生光滑蔓草。茎细长，缠绕。叶互生，羽状深裂，裂片线形，基部一对裂片常各两裂。聚伞花序腋生，有花数朵，夏秋季节陆续开放，花冠红色、白色皆有。蒴果卵圆形。原产于热带美洲。

唇形科

　　此类植物多为芳香草本，很少有木本。特点是茎四棱，叶对生，唇形花冠，雄蕊4枚两长两短。果实为4个小坚果，各具一枚种子。约200属3200种以上。分布以地中海周围为主。我国约有80属，480种。分布各地。

　　黄芩，多年生草本。根肥大，圆柱形，茎方形，基部分枝。叶对生，长卵圆形。夏季开花，花唇形，蓝色，聚生呈顶生总状花序。分布于我国北部、西北和西南等地。著名中草药，富含黄芩甙等黄酮类。

　　藿香，多年生芳香草本。茎方形。叶对生，三角状卵形，两面都有透明腺点。夏季开花，花唇形，白色或紫色，在茎上排成多轮的穗状花序。茎可提取芳香油。茎叶入药。

　　熏衣草，多年生草本，有强烈芳香。茎弯曲，多分枝。叶对生，披

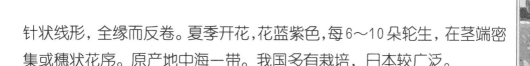

针状线形，全缘而反卷。夏季开花，花蓝紫色，每6～10朵轮生，在茎端密集或穗状花序。原产地中海一带。我国多有栽培，日本较广泛。

益母草，一年生或两年生草本。茎四棱，叶对生，茎端的叶不裂而呈线形，其余叶掌状多裂。夏季开花，花冠唇形，淡红色或白色，轮生在茎上部叶腋内。入药主治月经不调。

丹参，多年生草本。根肥大，丹红色，又名红根。茎四棱，有腺毛。叶对生，羽状复叶。春夏之交开花，花唇形，紫色，排成数轮。产于中国、日本。根入药，用于冠心病治疗。

一串红，多年生草本。叶对生，卵形，先端渐尖，边缘有锯齿。夏秋季节顶生总状花序，成串，花红色，含蜜质。萼钟形红色，花冠脱落后，筒能保留较长时间。原产于南美。现被广泛用于城市绿化美化。

薄荷，多年生草本，茎方形被微柔毛。叶对生，卵形或长圆形。秋季开花，花唇形，红、白、紫等色。轮生叶腋内。茎叶可提取薄荷油、薄荷脑，供医药、食品、化妆等用。

吉龙草，一年生草本，高40～60厘米，有白色短柔毛。茎方多分枝，紫红色。叶对生，卵状长圆形，边缘有浅锯齿。穗状花序生于主枝及分枝顶端，呈圆柱状；花小，唇形，淡紫色。小坚果倒卵状长圆形。茎、叶富含芳香油，主要成分为柠檬醛等，可做香料。分布于我国云南南部。嫩茎、叶治感冒、头痛。

茄科

　　茄科既有草本又有木本，草本为多年生，木本为灌木或小乔木。当然也有藤本。叶互生，全缘、分裂或复叶，无托叶。花两性，辐射对称，单生、簇生或成聚伞花序；花萼宿存，5裂；合瓣花冠呈钟状、喇叭状等各种形状，5裂，裂片常折叠；雄蕊5枚，着生于花冠上；子房两室，或成不完全的1~4室，胚珠多数。果实为肉质状浆果或蒴果。

　　本科约有85属，2300种以上，其中我国有16属，约70种。分布于热带、温带地区。

　　枸杞，落叶小灌木。茎丛生，有短刺。叶卵状披针形。夏秋季节开淡紫色花。浆果卵圆形，红色。产于我国甘肃、宁夏、青海等地。嫩茎、叶可做蔬菜，果入药为枸杞子。味甘、性平，可补肝肾、养血明目。

　　辣椒，一年生草本。叶互生，卵圆形，无缺裂。花单生或成花簇，白或紫色。浆果未熟时绿色，成熟后一般为红色或橙黄色。辣椒原产南美洲热带。现全世界均有栽培，品种极多，形状也多变化，是人们喜欢的蔬菜和调味品。

茄子，一年生草本，但在热带为多年生木本，灌木。叶互生，倒卵形或椭圆形，暗绿、鲜绿或紫绿色。花淡紫或白色，萼有刺。浆果圆形、倒卵形或长条形，紫色、绿色或白色，萼宿存。原产印度。现几乎遍布世界各地，品种甚多，果型各异，茎、叶多有变化，为主要蔬菜之一。

马铃薯，又名土豆，多年生草本，但作一年生栽培。地下茎块状，形状各异，颜色多变，地上茎有毛，羽状复叶，伞房花序顶生，花白、红、紫色都有，浆果球形。种子扁圆，黄色。多用块茎繁殖。原产南美，为主要蔬菜之一。

番茄，又名西红柿，一年生草本。植株有矮性和蔓性两种，全株具软毛。叶为不整齐的羽状复叶，夏秋开花，花黄色，每棵3～7朵不等，总状或聚伞花序。浆果球形或扁圆形，随栽培方法不同，果、花、色、味变化甚大。原产南美，富含维生 C，为重要蔬菜之一。

烟草，一年生草本。茎直立，棱形，植株被黏性腺毛。叶多变异，圆形、卵形、心形、披针形都有，品种多，形态变化大，烟草质量也千差万别，一般以云南产为好。圆锥花序顶生，花冠呈圆筒形或漏斗形，淡红或淡黄色。蒴果卵形。种子褐色，甚小。烟草是主要经济作物。

玄参科

　　玄参科植物草本、木本都有，既有灌木也有乔木，凡木本的通常有星状毛。单叶，对生，全缘或有锯齿，很少分裂，也无托叶。花两性，左右对称，单生或为腋生，也有顶生的，穗状花序或圆锥花序；花萼4～5裂，宿存；花冠4～5裂，往往呈两唇形；雄蕊4枚，两枚较长，着生于花冠管上，子房两室，上位，每室有胚珠多数，花柱单生。果实为蒴果，很少为浆果。

　　该科有200属之多，达3000多种，广泛分布于全球各地。我国约54属，近600种。西南部为主分布区，其他地区零星分布。

　　玄参科中药材多，如玄参、地黄，有些具观赏价值，如金鱼草、蒲包花等；乔木有泡桐，生长速度快，花大美丽，绿化、用材皆可。

　　玄参，又名元参、北玄参，多年生草本。根肉质，圆柱形或长纺锤形。茎直立，四棱形，无毛。 叶对生，长卵形。夏季开花，花壶状唇形，黄绿色，聚伞花序紧缠呈穗状。分布于我国北方。根入药，性寒味苦，主治咽喉肿痛、斑疹、丹毒。

泡桐，落叶乔木，小枝粗壮。单叶对生，长卵形或卵形，较大，全缘，下面密生细毛。春季开花，圆锥花序顶生，花大型，唇形，白色。蒴果椭圆形，无毛。种子多数，小，周围有薄翅，分布于我国黄河流域。

金鱼草，又名龙头花，多年生或二年生草本。叶对生或上部叶互生，长椭圆形或披针形，夏秋开花，花冠有紫、红、黄、白等色。原产欧洲。

地黄，多年生草本。全株密被灰白色柔毛或腺毛。根茎黄色，肉质肥厚。叶倒卵形至长椭圆形，上面有皱纹，常丛生在茎的基部。总状花序顶生。夏季开花，花筒状，外面紫红色，内面黄色，有紫斑。果实卵圆形。种子细小。分布于我国北方。根入药，主治肾虚阴亏、头晕目眩。

婆婆纳，一二年生草本，具短柔毛。茎下部匍匐地面。叶小，在茎下部对生，上部互生，叶片圆形或近圆形，边缘有圆齿。早春开花，花小，淡紫红色，单生于叶腋。蒴果小，肾脏形，顶有凹缺。分布于我国各地。

毛地黄，两年生或多年生草本。全株被短毛，叶互生，卵形至卵状披针形。初夏开花，花多数，呈顶生的长总状花序，花冠钟状唇形，上唇紫红色，下唇内部白色，有紫色斑点。原产欧洲西部。叶含强心甙，用做强心药，能加强心肌收缩力和减慢心率，用以治疗心力衰竭。

茜草科

　　茜草科有乔木、灌木和草本，直立、匍匐或攀援；枝有时有刺。单叶对生或轮生，常全缘，有托叶，宿存或脱落。花两性，很少为单性，辐射对称，有时左右对称，有各式的排列；萼管与子房合生；花冠漏斗状或高脚碟状，通常4～6裂；雄蕊与花冠裂片同数，很少有两枚的，着生于花冠管上；子房下位，通常两室，每室有胚珠一至多枚，柱头单一或2～10裂。果实为蒴果、浆果或核果。

　　本科有450～500属，6000～7000种以上，主产于热带和亚热带，少数分布于温带。我国约有90属，450种以上。大多数产于西南部至东南部。代表种有金鸡纳树、茜草、钩藤等，著名饮料如咖啡、栀子等。

　　金鸡纳树，常绿小乔木，高约3米。新枝四方形。叶对生，椭圆状披针形或长椭圆形。夏初开花，花白色，排列成顶生或腋生的圆锥花序。

蒴果椭圆形。原产南美。树皮即金鸡纳皮，可提取奎宁、奎尼丁，是治疗疟疾的药物。

水冬瓜，半常绿或落叶乔木，高15米左右，树皮灰色。叶对生，卵形或宽卵形，全缘，先端尖，背面叶脉间有白色短柔毛。夏季开花，头状花序球形，十余个排列成总状，花冠浅黄色。蒴果卵状楔形，具宿萼。生于水边，主要分布长江以南，见于东北长白山二道白河边。木材质优，用途广泛。

钩藤，常绿攀援状灌木。小枝四方形。叶对生，椭圆形。通常在叶腋处着生由花序柄变成的钩两枚。夏季开花，花小，黄色，头状花序生于叶腋或顶生。分布于广东、广西、浙江等地。带钩的茎枝入药，主治头晕头痛。

水杨梅，针形，全缘，近于无柄。夏季开花，头状花序单一，腋生或顶生；花冠管状，紫红色。分布于长江下游及以南各省。茎的韧皮纤维可织绳，制人造棉、造纸等。

香果树，落叶大乔木。叶对生，椭圆形。花白色，呈顶生圆锥花序，花序上有多枚白色大苞片，结果时变为粉红色并留在果实上。果实纺锤形。种子有不规则的翅。香果树为我国特产，分布于我国中部及西南部，常生于山谷森林之中。树形美丽，宜观赏，材质优良，用途广泛。

玉叶金花，藤本小灌木。叶对生，卵状长椭圆形或卵状披针形，先端渐尖，背面密被柔毛。夏季开花，稠密的伞房花序顶生，每一花序中有白色扩大的萼片3～4枚，花黄色，有玉叶金花之称。

天南星科、鸢尾科

天南星科植物多为草本，常有辛辣味和乳汁分泌，地下茎块状；很少木质，即使有也为攀援状，或以气根附生于他物上，少数浮生水中。叶多基生，如茎生时则互生而为两列或做螺旋状排列，全缘或分裂，常呈戟形或箭形，基部有膜质鞘。花极小，常有强烈臭味，排列于肉穗花序上，外围以一佛焰苞所包，花两性而全相似或单性而同株，雌花在花序下部，雄花在花序的上部，介于这两者间的常为中性花；花被在两性花中常具有，裂片4～6枚，鳞片状或合生为杯状，在单性花中缺；雄蕊一至多数；子房上位，由一单数心皮合成，每室有胚珠一至数枚。果实为浆果，密集于肉穗花序上。种子一至数粒，埋藏在浆汁果肉中，有各种不同的外种皮。

本科有110属、约1800余种，广布于全球。我国有25属，近130种，分布全国各地。代表种有半夏、天南星、芋、魔芋、马蹄莲、石菖蒲等。

天南星，多年生草本。地下茎球形，掌状复叶。小叶披针形。夏季开花，肉穗花序外包紫色或绿色的佛焰苞。浆果多数，成熟时鲜红色。分布于我国云南、湖南以及华东各地。球茎可提淀粉，味苦，有毒，入药祛风化痰，主治中风、破伤风。

魔芋，多年生草本。地下茎扁球形，掌状复叶，小叶做羽状分裂。夏季开花，花单性，淡黄色，着生在肉质的穗轴上，外包以暗紫色漏斗状的佛焰苞。分布在中国、越南。块茎含淀粉，有毒，有石灰水漂煮后可食，亦可酿酒，做魔芋豆腐。

鸢尾科植物多为草本，多年生。地下有根茎、球茎或鳞茎。茎单生或成束由地下茎生出。叶常茎生，剑形或线形，茎部鞘状，嵌叠成两列。花两性，由一鞘状苞内抽出，大都形似蝴蝶，花被呈花瓣状，6裂，排成两列，有白、淡红、红、黄、蓝、紫各色，美丽鲜艳。雄蕊三枚，子房下位，三室，中轴胎座；花柱1个，柱头3个，有时扩大而成花瓣状或分裂。果为蒴果。

本科有70属，1500种以上，分布于热带和温带地区。我国有2属，50余种。

鸢尾，多年生草本。根茎匍匐多节，节间短。叶剑形，交互排列成两行。花茎与叶同高，总状花序，春季开花，花1～3朵，蝶形，蓝紫色，外列花被的中央面有一行鸡冠状白色带紫纹突起。原产我国中部。现各地均有栽培。

蝴蝶花，多年生草本，地下具横生根茎。叶剑形，交互排列成两行。花茎离生同叶等高，分枝，呈疏总状花序，初夏开花，花蝶形，淡紫色，较鸢尾花小。通常丛生于山林边缘。分布全国各地。全草入药，称铁扁担。

棕榈科

  这是单子叶植物中常绿灌木或乔木，也有藤本。干直立，有的极短，常被以叶的宿存的基部。叶互生，多簇生于干顶，但在藤本的种类中则散生，极大，全缘、羽状或指状分裂，叶柄基部扩大成一纤维状的鞘。花小，通常淡绿色，两性或单性，排成圆锥花序或穗状花序，且多为一至多枚大而呈鞘状的苞片所包围；花被6裂，2列，裂片离生或合生；雄蕊6枚，子房上位，1～3室，每室有胚珠一枚。果为浆果或核果，外果皮多呈纤维质。种子胚小而富胚乳，有油分。

  本科有236属之多，约3400种以上，是一大科。广布于热带和亚热带。我国仅有16属，60余种，主要分布在南部亚热带省份。代表种有椰子、海枣、鱼尾葵、蒲葵、槟榔、棕榈、省藤等。

  蒲葵，又名扇叶葵，常绿乔木。单干直立粗大，叶似棕榈的叶，掌状多裂，先端下垂。原产于我国南部福建一带。叶可制扇，干可制绳。

棕榈，常绿乔木，高可达7米。干直立，不分枝，为叶鞘形成的棕衣所包。叶大，集生干顶，多分裂，叶柄有细刺。夏初开花，肉穗花序生于叶间，具佛焰苞，黄色。核果近球形，淡蓝黑色，有白粉。分布于秦岭以南各地。小型棕榈树形态优雅，可作为室内观赏性盆栽食物。棕榈树的棕丝除了用于做蓑衣，还可用做床垫，做绳索。它的叶子可做成芭蕉扇。棕榈油其实并非棕榈树的功劳，而是它的近亲——油棕树提供的。油棕果的中果使含油率高达30％～60％，而且质量非常好。

椰子，常绿乔木，高达25～30米。羽状复叶，长4～6米。每叶有小叶180～250片，小叶草质，线形。花单性，雌雄同株。核果圆形或椭圆形，直径20～30厘米，成熟时褐色；外果皮薄，中果皮厚纤维质，内果皮质地角质化坚硬。胚乳白色，胚乳内有水液可做饮料。

有一种名叫海椰子的树，它生长在非洲以东、西印度洋中的塞舌耳群岛上，它的种子大得惊人，一粒种子的重量可达15千克，算得上是世界上最大的种子了。

沙滩、阳光和椰林是热带海滨留给人们的最深印象。如果恰逢椰子成熟季节，捧起一只大椰子，那甘甜的椰汁一定让你终生难忘。

百合科

　　本科植物多数为多年生草本，地下有根茎、鳞茎、球茎和块茎等。茎直立或呈攀援状。叶茎生或互生、对生、轮生于茎上。花常两性，各部为典型的三出数；花被片通常6枚，2轮，离生或部分合生，有的大而美丽；花单生或排列成各式花序。子房上位。果有蒴果、浆果。

　　本科有220属，3500种以上，广布于温带和亚热带。我国约60属，500余种。各地均有分布。代表种有葱、蒜、韭、洋葱、百合、黄精、贝母、玉簪等。

　　吊兰，多年生草本，常绿。叶丛生，线形，中间有白色带状条纹。从叶丛中抽出细长柔韧下垂的枝条，顶端或节上萌发嫩叶和气生根。夏季开花，花白色，疏散总状花序。原产非洲南部，现广为栽培。

　　知母，多年生草本。具匍匐根茎，横生，常半露于地面上，外面密被黄褐色包状叶鞘分裂物。叶丛生，线形。花茎出自叶丛间，顶生总状花序，夏季开花，花白色，具淡紫色条纹。蒴果三角状卵圆形。分布我国东北、西北和华北。根茎入药，主治热病烦渴、肺热咳嗽。

芦荟，多年生草本。叶基出，簇生，狭长披针形，边缘有刺状小齿。夏秋在茎上开花，花黄有赤色斑点。产于热带非洲、我国云南元江等地。现各地均有栽培。叶入药，治便秘。

铃兰，多年生草本，具横生根茎。叶通常两枚，长椭圆形，基部互抱呈鞘状。花茎顶生总状花序，夏季开花，花钟状，下垂，白色，有香气。浆果球形，红色。原产欧洲、亚洲、美洲。全草入药，有强心作用。

万年青，多年生常绿草本。根茎短而肥厚。叶茎生，阔带形，厚革质。春夏间在花轴上形成一稠密的穗状花序，开绿白色小花。浆果球形，熟后橘红色。原产于中国、日本。现各地广泛栽培。根和茎入药，称白河车，主治咯血、水肿、咽喉肿痛。

黄精，多年生草本。地下横生根茎，肉质肥大。茎长而较柔弱。叶通常4～5枚轮生，线形披针状，先端卷曲而缠绕，无柄。夏季开花，花白色，钟状下垂。浆果球形，熟时黑色。分布于我国东北、华北。根茎入药，主治脾胃虚弱、肺虚咳嗽。

龙血树，高大木本。叶剑形带白色，密生枝端，花绿白色。浆果橙黄色。原产大西洋，寿命可达 6000 年。

吉祥草，又名观音草、寿兰，百合科，多年生草本，常绿。茎匍匐地下或地上。叶丛生在匍匐茎顶端或节上，线行或线状披针形。穗状花序着生于较短的花茎上部，秋末冬初开花，花淡紫红色。浆果球形，熟的紫红色。生长于阴湿地或林下。分布于我国长江以南。

石蒜科、莎草科

　　石蒜科植物多为草本，多年生，地下通常具一被薄膜的鳞茎，也有根茎。如水仙。叶茎生，少数，条形。花两性，单生或数朵呈伞形花序，生于花茎顶端，下有一总苞，通常由二至多枚膜质苞片构成；花被片6枚，呈2轮，花瓣状，美丽，下部常合生成长短不一的管，裂片上常有附属物；子房三室，下位。果实为蒴果或浆果。

　　此科有65属，860种之多。我国约有9属，30余种。

　　水仙，多年生草本。鳞茎，叶扁平，阔线形，先端钝。冬季抽花茎，近顶端有膜质苞片，苞开后放出花数朵，伞形花序，白色花，芳香，内有黄色杯状突起物。产于浙江、福建。现已广泛栽培各地。

　　龙舌兰，多年生草本。叶丛生，肉质，长形而尖，边缘有钩刺。十余年后自叶丛抽出高大花茎，顶生无数花朵，花后植株死亡。原产热带美洲。后引入我国。

剑麻，多年生草本。叶剑形，大而肥厚，放射状聚生茎顶。原产亚热带，后传入我国。叶纤维拉力极强，耐水浸，故可制船缆、造纸，亦可合成肾上腺皮质激素。叶粕可酿酒、果胶，做饲料。

莎草科，多年生草本，很少一年生，常生于湿地或沼泽中，簇生或匍匐状生长。茎实心，通常呈三棱形。叶片线形，常三列簇生于茎的下部或茎部，具封闭的叶鞘。花极小而不明显，两性或单性，单生于穗状花序的或小穗的苞腋内，此种花序单生或通常为数个至多个生于茎上；花被常缺，或退化为鳞片或刺毛，生于子房之下；雄蕊下位，通常1～3枚；花药线形，生于扁平的花丝上；子房上位，一室，有直立的胚珠一枚，花柱2～3裂。果为坚果。

本科有70属，3700种之多，分布于世界各地。我国约有30属，600种左右，分布全国各地。代表种有席草、乌拉草、莎草、荆三棱、荸荠等。

荸荠，又叫马蹄、乌芋，多年生草本。地下茎匍匐，先端膨大为球茎，扁圆球形，表面光滑，深栗色或枣红色，有环节3～5圈，并有短鸟嘴状顶芽及侧芽。地上茎丛生，直立，管状，浓绿色，有节，节上生膜状退化叶。秋季茎端生穗状花序。产于安徽、江苏、浙江等地。球茎可食。

莎草，又叫香附子，多年生草本，地下有纺锤形的块茎。茎直立，三棱形。叶片线形，排列成三行。穗状花序呈指状排列，夏季开花。分布我国各地。块茎可入药。

兰科

　　兰科植物多数为草本，一般具有地下茎、地上茎。地上茎呈块状、球状或肥厚肉质的根状茎和块状根，如天麻。地上茎具叶，往往下部膨大成假鳞茎。叶形不一，通常互生，常两裂，有时退化为鳞片，或肉质，基部鞘状。

　　花两性，左右对称，单生或穗状、总状、圆锥状花序；花被片为6枚，成2轮，花瓣状或外3枚呈萼片状，离生或多合生，内有3枚形状不同花瓣，中间大叫唇瓣，它基部延伸成一囊状体或通常称为"距"；雄蕊1～2枚，与花柱合成一蕊柱，顶端向唇瓣方向延伸而成蕊喙；花粉粘合而成粉块；子房下位，一室，有3个侧膜胎座。蒴果内有无数微小种子。

　　兰科有600～700属，多达2万种，广泛分布于全球各地。我国大约有140属，1000种以上，分布全国各地，尤以西南、台湾最盛。代表种有春兰、建兰、墨兰、天麻等。有的可供观赏，有的入药。

手掌参，多年生草本。块茎肉质、4～6裂形如手掌。一般两枚。茎直立，具4～7枚叶片，长圆形急尖，基部抱茎。夏季开花，穗状花序顶生，花淡红色或淡红紫色，距通常细长呈镰刀状弯曲。蒴果长圆形。种子小。主要产于长白山火山锥体周围高山苔原带，入药有解毒、强壮强精作用，十分珍稀。

天麻，多年生腐生草本。全株无叶绿素，地下茎肉质块状。地上茎直立黄赤色，节上有膜质鳞片。 夏季开花。花多数，总状花序。花冠歪壶形，黄色。长在阴湿林下，分布于云南、四川、湖北及西北和东北长白山区。入药祛风寒，主治肝风头病、腰腿痛等。

石斛，多年生常绿草本。附生树干上，茎直立，黄绿色，有明显的节和纵槽纹。叶片长椭圆形，生在茎的上部。夏季开花，花白色，微带紫红。分布于我国长江以南各地。花大而美丽，多引入室内盆栽。茎入药，性微寒，味甘淡，主治阴虚内热、咽干口渴。

春兰，多年生草本。根簇生，肉质，圆柱形。叶线形，革质。早春由叶丛中间抽生多数花茎，顶开一花，花淡黄绿色。生长于山坡林荫之下，花清香，深受人们喜爱，栽培历史悠久。

绶草，又名盘龙参，多年生矮小草本，地下有簇生肉质状根。叶数枚生于茎的基部，呈线形、线状披针形。夏季开花，花小，白而带紫红色，在茎的上部排列成旋扭状的穗状花序。生长在田边、湿润草地。原产我国、日本、印度等地。可观赏，全草入药治蛇伤。

菊科

在种子植物中菊科是最大的一科。一年生或多年生草本，很少为乔木，有时为藤本，有些种类有乳汁。叶互生、对生、轮生都有，无托叶。花两性或单性，平时看到的所谓一朵菊花，实际上是一个头状花序（或蓝状花序），外包以一至数列苞片构成的总苞，总苞内有全是管状花或全是舌状花，有中央是管状花，而外围是舌状花；花萼管与子房合生，无萼片或变为冠毛、鳞片、刺毛等，位于瘦果顶端；花冠管状或舌状，3～5齿裂或分裂；雄蕊4～5枚，花药合生而环绕花柱；子房下位，一室，一胚珠。果为瘦果。

本科有920个属，1.9万种以上，广泛分布于全球各地。我国有104属，1950多种，分布于全国各地。

向日葵，一年生草本。茎直立，圆形多棱角，质硬被粗毛。叶通常

互生，广卵形，两面粗糙。头状花序单生，具向光性；花序边缘生中性的黄包舌状花，能结实。瘦果，果皮木质化。种子富含油脂。原产美洲。

大丽菊，多年生草本。具块根。茎多汁，有分枝。叶对生，1~3回羽状复叶。春夏间陆续开花，越夏后再度开花，霜降时凋谢。头状花序，极艳丽。随着培育目的不同，观赏角度不同，品种、花形、花色千变万化、种类甚多。全国各地均有栽培。

万寿菊，一年生草本。茎直立，分枝。叶互生，叶片羽状全裂，裂片长椭圆形或披针形。头状花序单性，秋季开花，花黄色到橘黄色，花梗顶端膨大如棒状。原产墨西哥。现全国各地均有栽培。

菊，多年生草本。叶卵圆形至披针形，边缘具粗大锯齿或深裂。秋季开花，花头状花序顶生或腋生，花序大小、颜色、形状随品种而异。花艳丽，列梅兰竹菊四君子之一，深受人们喜爱，有几千年栽培历史。花入药，明目祛风寒。

苍术，多年生草本。叶无柄。茎基部叶宽大，卵形或狭卵形，羽状五深裂；上部叶三至五浅裂或不裂。头状花序顶生，卵形，花白色。根入药。

蒲公英，多年生草本。全株含白色乳汁，叶丛生，匙形、倒卵形，羽状成裂。花黄色。

禾本科

　　禾本科属单子叶植物，多数为草本，少数为木质。如玉米、水稻、小麦、高粱、竹类及水草等。

　　本科有700多属，8000种以上，分布于世界各地。我国约有190属，1000种以上。

　　小麦，一年生或二年生草本。种类多、分布广，为主要粮食作物之一。一般叶片长披针形，复穗状花序，小穗有芒或无芒。颖果卵形或长椭圆形，腹面具深纵沟。小麦是面粉生产的原料。品种中以普通小麦、黑麦、大麦等为主。

　　稻，一年生草本。秆直立，中空有节，分蘖。叶片线形，叶鞘有茸毛。圆锥花序，成熟时下垂，小穗有芒或无芒。颖果即粮食中的大米，为主要粮食作物之一。品种很多，分布极广。

粟，古代称禾、稷、谷，实际上就是谷子、小米的原料。有一种特别好的品种，古代亦称做粱。粟一年生草本，秆粗壮，分蘖。叶鞘无毛，叶片线状披针形，叶舌短而厚，具纤毛。圆锥花序（亦穗）主轴密生柔毛。穗形有圆锥、圆筒、纺锤、棍棒等形状。通常下垂，小穗具短柄，基部有刺毛。颖果、稻壳呈红、橙、黄、白、紫、黑等色。子粒卵圆形，黄白色。产于山东、河北及东北。重要粮食之一。

甘蔗，一年生或多年生草本。茎圆柱形，有节，节间实心，外被蜡粉，有紫、红、黄绿等色。叶互生，叶片有肥厚白色的中脉。大型圆锥花序顶生，小穗茎部有银色长毛。颖果细小，长圆或卵圆形。分布广东、广西、福建、台湾、海南等地。可食，亦可制糖。

高粱，一年生草本。秆直立，中心有髓，分蘖。叶片似玉米，厚而狭窄，被蜡粉，平滑，中脉白色。圆锥花序，穗形有帚状和锤状两类。颖果呈褐、橙、白或浅黄等色。种子卵圆形，微扁，质黏或不黏，是粮食之一，造酒原料。产于东北各地。

玉米，一年生草本。根系强大，秆粗壮。叶宽大，线状披针形。花单性，雌雄同株；雄花为圆锥花序，顶生；雌花为肉穗花序，生于叶腋，外有总苞。品种甚多，形态变化也大。分布全国。

薏苡，一年或多年生草本。根系发达，宿根性。秆直且粗，有分枝。叶线状披针形，中脉粗厚。花单性，雌雄同株，总状花序腋生或顶生，雌小穗位于花序基部，外面包有骨质念珠状总苞；雄小穗无柄或具柄，数丛。排列花序上部，穗状。颖果椭圆形，淡褐色，有光泽。分布各地。种仁入药，亦可酿酒。

第五章　哺乳动物

哺乳动物起源于古爬行类。从化石看这种演化的发生比鸟类起源还要早。距今2.8亿年前的古生代末期出现的盘龙类，据认为是早期哺乳类的祖先。

爬行类进化到哺乳动物其过程是漫长的。在这一过程中古代爬行类逐步形成适于快速奔跑的肢体结构，使运动趋于快速和动作趋于复杂，从而促进了脑及感觉器官的发展，增加了获得食物的机会，也进一步导致消化、吸收、循环、呼吸等器官、系统的演化与发展。以后又逐渐获得了稳定体温和对胎儿哺乳等行为和特征，进而演化为真兽类哺乳动物，这就是哺乳动物的起源。

从化石推断，哺乳动物出现以后，到了距今1.8亿年的侏罗纪，便开始演化为两大支系：一支的后代演化出了原兽类；另一支又演化出三个分支即三齿兽、对齿兽和古兽类。三齿兽、对齿兽到1.3亿年时，就相继灭绝，而古兽类发展演化出后兽类和真兽类。

后兽(有袋类)和真兽在距今3500万年前的第三纪，都有空前的发展，只是到后来，后兽类动物在绝大多数地区被真兽类所取代，只有在中生代时就与其他大陆脱离，真兽类尚未进入的澳洲，后兽才得以保存下来，并演化发展为适应各种食性和生活方式的现代后兽类哺乳动物。南美也存在后兽类哺乳动物，因为新生代时南美洲也曾多次与其他大陆脱离，道理是相同的。

真兽的祖先是古食虫类，因为当时的地球上陆生动物中昆虫种类最多，数量最大，个体又小，在竞争中自然不是对手，所以早期的哺乳动物中真兽类是食虫的类群。后来食虫类向着各种不同的生境演化，发展，逐渐成为分布于水、陆、空一切领域，栖居于各种生态系统的最发达的一个动物类群。

哺乳动物在自然界是智力最发达，活动范围最大，个体较大、种类较多的生物类群。它们与人类最接近，关系最密切。尽管哺乳动物中还有许多迷疑没有解开，但人类研究利用哺乳动物的决心从来没有动摇过。今天学会哺乳动物就是为了将来更好地研究、利用、保护哺乳动物，而科学的开发和利用是对哺乳动物的最好保护。

现代哺乳类的特点

138

哺乳动物是动物界最进化、最高级的一个类群，其特点是全身被毛、运动快速，属于恒温、胎生、哺乳的脊椎动物。

毛是皮肤衍生物，是表皮角质化的产物，由裸露的毛干和埋在皮肤中的毛根组成。毛根末端膨大成球状，也叫毛球，毛球能不断地进行细胞分裂，使毛随之增长。毛分针毛、绒毛和触毛。针毛长而坚韧，耐摩擦，有保护功能。绒毛位于针毛下层，短而密无毛向，保温性强。 触毛特化成针毛状，又长又硬，主要长在嘴边，起触觉作用。任何毛皮动物三种类型的毛都十分明显。而毛的长度、密度、质地、颜色又与种类与生活环境息息相关。

哺乳动物和鸟类一样每年秋季夏季也要脱毛，入冬之前长出又长又密的冬毛；春季冬毛脱落，长出短而疏的夏毛。

发达的骨骼、肌肉系统是保证高效率地运动的基础，使运动、捕食、机械消化和防御机能大为增强。

完整的消化道，多种消化腺的参与，保证了对食物的充分消化和吸收，高效率地维护代谢过程的营养需求和能量供应。

呼吸、循环、排泄等系统也都日臻完善；脑高度发达与完善；感觉器官的灵敏是空前的。许多哺乳动物记忆清楚，反应敏捷，这是以往所有动物无法比拟的。

哺乳动物的条件反射表现了它们的高等动物的唯一特征，这也是有别于其他动物的主要特征。

哺乳动物的繁殖方式和生殖系统构造之完善，生殖腺的发达，也都反应了它们的进化特征，某些机能已经与人相类似。

胎生避免了孵化过程中的损失，给后代创造了十分优越的环境。生后哺乳保证了幼仔的生长发育，做到了"父母对子女"的最大关爱和保护，母乳营养丰富，避免了饥一顿饱一顿、好一顿差一顿的幼儿自由取食方式，从而保证了幼仔的健康生长。

当然，众多的哺乳动物中种类不同，生境不同，营养方式也不一样，在生理特点、功能演变上也有高级与低级、进化与退化之分，有的种类在某些方面可能还保留原始特征，但整体上哺乳动物是进化了、发展了，它们是动物界的佼佼者，是生物进化的最高形式和演化发展的最优化类群。

ok

哺乳动物家族

　　哺乳动物通常也叫兽类，在现今的地球上动物界里它们是一群形体庞大、分布广泛的十分活跃的动物类群，是生态系统中食物链的顶极群体。现存的种类不少于4200种。它们是不同生态环境中的霸主。在森林生态系统中有老虎、豹子和熊；在草原生态系统中有狮子和猎豹；在海洋生态系统中有鲸、豚、海象、海狮；就是在人们的生活中，家畜也占有重要地位。食草的哺乳类无论是角马、斑马还是羚羊，几乎每一种都有庞大的种群，它们在草原生态环境中虽然斗不过狮子、猎豹，但它们也绝不是食肉猛兽的附属品，相反，猛兽们捕捉到的却总是它们之中的老弱病残者，这些正是应该淘汰的对象，淘汰掉弱者就保证了后代的质量，这对家族兴旺，种族延续都十分重要。食草类的庞大和食肉类的孤寡正是生态平衡的需要，是自然选择的客观结果。

哺乳动物向人类的生活提供着丰富的肉与奶，维护了人类的健康，保证了人类的繁衍。哺乳动物帮助人类出行、耕作、警卫，还供人类玩乐观赏，它们早已成为人类生活、生产中的重要组成部分，是人们的朋友。

哺乳动物按进化过程、形态结构和生物学特性，又可分成三大类别，即原兽类、后兽类和真兽类。

原兽，即最原始的兽。这类哺乳动物还保留着爬行动物的某些特征，如卵生、粪、尿、生殖均通过一个孔排出体外，叫单孔类。但它们体表被毛，体温恒定，用母乳喂幼仔，这又与哺乳动物几乎相同。比如鸭嘴兽。

后兽，显然是指原兽之后出现的兽类，它们界于原兽、真兽之间比原兽进化又比真兽低等。如已经从卵生过渡到胎生，但这种胎生又无真正的胎盘。特别妊娠期不足，幼仔在母体还没有发育完全就生出来，幼仔很弱，只好在母体外再呆一段时间。如袋鼠，腹部有育儿袋，幼仔出生后先放到袋中再继续关护。

真兽则完全具备了高等哺乳类的一切特征，这一类大约超过4000种。由于形态特征不同，习性不同又分成17个目。

一是食虫目，代表有刺猬；二是翼手目，主要有蝙蝠；三是灵长目，猴类与猩猩；四是鳞甲目，穿山甲；五是兔形目，代表种如蒙古兔；六是啮齿目，松鼠、家鼠、豪猪；七是鲸目，鲸与豚为主要代表种；八为食肉目，犬、狼、狐等为主要代表；九是鳍足目，代表种如海狮、海象；十是长鼻目，代表如大象；十一是奇蹄目，如野驴、犀牛；十二是偶蹄目，代表如河马、家猪；十三是海牛目，代表如儒艮。

除上述13个目大约414种是我国常见的哺乳动物外，另外有4个目，3000多种哺乳动物在我国没有分布。

哺乳动物生态

　　自然界中没有两种哺乳动物在结构与功能上是完全一样的，也没有两种哺乳动物严格需要相同的环境。每个种所需要的特殊环境及其在适应这种环境中所形成的独特功能，构成了这个种在自然环境中的特殊位置，这就是生态位。生态位也就是每个物种在自然界所占的空间和时间。

　　自然界的动物特别是每种哺乳动物都有自己的生态位，河马生活在水里，狮子栖息在草原，这是在长期的与环境适应中形成的基本定位。这种定位是动态的，因为自然界各种动物是没有理智的，不能说这个地盘是你的，你在这里生活，我不来打扰你。实际上这个定位时刻在变，这就是竞争。

　　竞争是多方面的，竞争的目的可能为了食物，可能为了地盘，也可能争夺巢穴或配偶。竞争可能来自种间也可能来自种内。

生态位的竞争，必然导致生态位的隔离，这是自然选择的结果，只有这样才能减少竞争带来的能量消耗，才能避免种间相遇。这种选择无疑有利于动物的生存和种群发展。

　　隔离的途径是食物分化、活动时间错开和觅食地点分开。这种分开不像人类社会分工那样简单，在大自然生态系统之中，这种分开只能通过对动物身体结构的改变、功能的改变来慢慢地完成。这就是不同生境中的生物，它的机体构造、功能、生物生态学特性一定是与所在环境适应的、协调的、统一的。

　　哺乳动物大体上出现了五大生态类群，即陆栖动物类群、掘土和穴居动物类群、树栖动物类群、飞行动物类群和水栖动物类群。哺乳动物在生态系统中的生物群落中是起主导作用的生态因子。它能决定生物群落的活跃性和丰富度。

　　比如哺乳动物能传播多种植物的种子，影响着生物群落的结构。红松林内的灰鼠，习惯于把红松子从树上搬到洞里贮藏起来冬天享用，可是那些吃不完的，第二年春天经雨水滋润后便可以萌发出红松苗，这客观上为红松的繁衍起到了推动、帮助作用。有些绿色植物的坚硬荚果被食草类哺乳动物吞食后，其荚果很难被消化，往往又由粪便排出体外，这样的种子不但发芽率高，而且苗壮苗旺，成活率会大幅度提高。黑斑羚喜欢吃合欢树的种子，而经黑斑羚便出的合欢种子发芽率为26％～28％，比自然下种的发芽率3％高出7倍。有些哺乳类穿行在植物间，将植物的种子粘在毛上，在窜树丛时又被刮下；它们往返花间也会无意中将花粉带给其他花蕊，这些都是影响生物群落的直接因素。动物离不开植物，植物也离不开动物，在生态系统中它们都自然地统一到生态平衡这个最终目标中来。

原兽类

144

原兽虽为兽，却卵生。当然会下蛋的兽在动物界也不多见。

我们仅举两个例子，一方面介绍一下原兽的特点，更可以通过它们的形态特征，身体构造及生物学特性来真实地感受一下原兽的风采。

首先说说鸭嘴兽。它是一种半水栖的原始哺乳动物，嘴似鸭子，前足也似水鸟一样具有会划水的蹼，后足又像兽类中的小型动物的趾踵，有爪但也有蹼。雄性体长约60厘米，雌性体长约46厘米。嘴扁平突出头前，酷似鸭嘴，故名鸭嘴兽。没有耳郭，眼睛小，尾巴短而平扁。毛很细但很厚，深褐色，有光泽。前后肢既有蹼又有爪，可以掘土筑洞穴又适于水中生活。它的洞穴筑在水边，开口水中，进洞后渐高，睡觉的地方无水。该兽食性不广，一般小型动物只要能消化它都吃，如蠕虫、蜗牛、水中昆虫等。排泄粪、尿与生殖都由泄殖腔来完成。也就是说肛门还很原始，没有特化到真兽动物那样由不同的器官来完成。产卵且会孵卵，这又像爬行类和鸟类，每窝产卵两枚，孵卵只由雌兽来完成。无乳头，幼仔孵出后从雌兽腹面濡湿的毛上舐食乳汁。

鸭嘴兽这个小小的动物，既有哺乳动物的特点，又有爬行动物的特点。例如，它的生殖孔和排泄孔是合在一起的，生育后代是通过生卵、孵卵，这些和爬行类、鸟类一样，而和哺乳动物完全不同。可是母兽把小鸭嘴兽孵出以后，又生出乳汁喂养幼仔，照看幼仔，直到它们能自己谋食，这又和哺乳动物多么一样啊！但科学家们仍然认为，鸭嘴兽确属哺乳动物。虽然它还残留着它们祖先——爬行动物的某些特点。

鸭嘴兽产在澳大利亚南部塔斯马尼亚。鉴于鸭嘴兽特殊的形态构造和生物生态学特性，人们对它倍加保护，因为它是爬行类向哺乳类演化的典型过渡类型，是具有活化石意义的实物见证，它具有十分重要的学术价值和分类地位。

第二种原兽动物就是针鼹，针鼹外形像刺猬，体长40～50厘米，体毛杂有坚硬的刺。它的嘴还是原始的喙，又尖又短又直；无齿；舌长，有黏液。该兽腿短，有爪而且长，锐利。这与它的生活习性有关，一则需要掘土筑洞穴、穴居。二则喜食蚁类，尤其喜食白蚁，它必须用利爪扒开蚁冢让蚁跑出来再用它那带黏液的长舌将蚂蚁粘入喙中。卵生，生殖期雌兽腹面临时生有育儿袋。

后兽类

　　后兽类比原兽类进化但比真兽类原始，它们的明显特点是都生有育儿袋，能把"孩子"装在袋子里，随身带到能独立生活，这不啻为辛勤的母亲。我们以两种动物为代表，向读者加以详细介绍。

　　大袋鼠，该动物体大型，成年大袋鼠可达2米，体重约90千克。这和人类比已经不算小了。

　　它们活跃在草原上，有时成群结队，一般动物对它奈何不得。

　　袋鼠以草食为主，牙齿向适应食草方向转化：上颌门齿三对，下颌一对。头与身体比显得很小，外耳大而明显。前腿短细，用以把握物体或戏耍打斗，平时多半闲着，也不着地；后肢强大，肌肉发达，骨骼长大，善于跳跃，一大步可跨过8米远的距离。所以，大袋鼠只跳不跑，速度绝不慢，何况跳跃时身体上下起伏较大，目标不易跟踪，这也对猎食者造成很大障碍。尾又粗又大，拖在体后可支持身体保持平衡。它每年繁殖一次，一胎只生一仔。刚出生的小袋鼠小如核桃，全身裸露无毛，在育儿袋中甚至不能自己吸吮乳汁。但能用嘴衔住乳头，靠母兽乳腺肌肉收缩将乳汁流入其口中。大概需要7～8个月的时间，幼仔才能离开育儿袋而独立生活。母兽抚养幼仔往往历尽千辛万苦，此情实在让人感动。

袋鼠毛发发达，头上长出外耳，头部独立于躯干之上，有了乳头，这些都是高级于原兽的典型特征。

袋鼠分布于澳大利亚，为什么不分布于其他区域？原因很简单，澳大利亚是与其他大陆隔离的大陆，袋鼠无法离开这里到别处去。同时，也没有其他高等哺乳动物与其进行竞争，因此，袋鼠本身发展了不同的生态类群，如袋狼、袋鼬、袋熊等。袋鼠栖居草原，也有一种树袋鼠栖息树上，而体型只有0.5米的鼠袋鼠甚至穴居。

另一种后兽类代表叫负鼠。其实负鼠也是袋鼠的一种。负鼠从动物演化过程来看比袋鼠要原始一些，低级一些，如育儿袋不完全。它体型也比袋鼠小得多，一般体长只有26厘米，尾巴长超过体长，有30厘米，能用来缠绕在树枝上来固定身体。

负鼠头被褐色毛，头顶有一条明显的斑纹。小负鼠爬在母鼠背上，用尾巴缠住母鼠的尾巴，让母兽负其行走，故名负鼠。

负鼠以昆虫为主要食物，习惯于树上生活。分布于美洲热带地区。

真兽类

真兽类是高等哺乳动物，是真正的兽。

真兽类又叫胎盘类，现存哺乳动物中95％的种类属于这一类群，它们的生殖方式是胎生，有胎盘，幼仔产出时发育完全；有乳腺、乳头；肩带多数由单一的肩胛骨构成；大脑皮层发达，有胼胝体；有异型的齿；体温恒定，这些都是比后兽类进化的主要特征。

真兽类现存约4000种，在分类上分别属于11个目，我国比较常见的有13个目，414种左右。

比如食虫目，像刺猬、鼩、鼹等；翼手目有蝙蝠、伏翼等；而灵长目除了猴外，还有猿和猩猩。食虫目是真兽类中最原始的种类。因多数种类为食虫性而得名。现存8科63～81属，近400种。其中2/3种类为鼩鼱，仅麝鼩一属就有近150种。产于澳大利亚、南美洲大部、南极洲和一

些大洋岛屿。

　　身被鳞甲的兽类叫鳞甲目，代表种有穿山甲；而兔形目中有庞大的兔类家族；啮齿类通常指的是耗子，当然还有獭和豪猪。

　　鲸目是体大水栖兽类，豚也有与鲸同目，归为一类者，如白鱀豚。鲸鱼目是哺乳动物种完全转变为水生的一支。小型齿鲸类一般成为海豚。

　　食肉目中有犬、熊、猫、虎；鳍足目中海狗、海豹；长鼻目中代表是大象；奇蹄目中有野驴、犀牛；偶蹄目里猪、驼、鹿、牛；海牛目中有人鱼——儒艮。

　　食肉目是从原始食虫类祖先起源的早期哺乳动物，沿着各种不同的适应辐射方向发展。其中一种转变为肉食的，即古肉齿类，出现在第三纪的初期。食肉目动物以肉食为主，俗称猛兽、食肉兽；牙齿尖锐而有力。

　　这4000种奇形怪兽，形态各异，习性千变万化，栖息地也千差万别。有的栖居高山，有的活跃在森林、草原，有的与人类相伴，走进人类的生产与生活。

　　如果说动物参与了人们的生产、生活，促进了社会的进步，那么，真兽类是有功绩的。

翼手目

　　兽类能不能飞？有没有会飞的哺乳动物？这不是开玩笑，的确有，翼手目动物就是一例。为什么叫翼手目，就是这类动物的前肢变为了翼。前肢与后肢、后肢间有薄而无毛的翼膜。这部分动物均属夜行性动物，昼伏夜出。翼手目分两类，即大蝙蝠亚目、小蝙蝠亚目。现存有900多种。

　　它们的共同特点是视力弱，听觉、触觉灵敏，耳壳大，内耳发达，能借回声定位引导飞行。

　　大菊头蝠，6厘米左右，吻部有菊花状突起而得名。耳大略宽，耳尖部削尖。全身被有细密柔软的毛；体背淡棕褐色，毛基色淡，呈浅灰棕色，毛尖棕色，腹毛灰棕色。该兽喜欢群栖山洞中，冬季在洞内冬眠，栖息时身体倒挂在洞顶，进入熟眠时即使将它们拿到阳光下也不会醒来。以昆虫为食。分布全国各地。

狐蝠，体型比一般蝙蝠要大，第一、第二指都有爪。如台湾狐蝠，体肥胖，长18厘米左右，扩展双翼约70厘米，体色灰褐。以植物果实为食，对果园有害，分布除台湾外，几乎东半球热带和亚热带地区都有。

大耳蝠，体型较小，体长4.4～5.4厘米，前臂长可达37～46厘米。耳大而长，两耳之间有一皮褶相连。尾基长，包在股间膜内。体背面浅灰褐色，腹毛灰白色，毛的基部黑褐色。夏季栖居于树洞、房屋顶棚，废墟的墙缝或洞穴。冬眠多在山岩洞内，冬眠时身体倒挂，耳折于臂下。飞行时可暂时停翔于空中捕食昆虫。繁殖期雌体组成小群，而雄兽通常单独生活。6月产仔，每产1～2只。

萨氏伏翼，体长4.2～5.5厘米，前臂长31～41毫米。耳宽而短，耳尖呈圆形，左右耳不相连。翼膜从趾间突出，端部扁平，背面有凹陷。栖于山洞岩石隙缝中，群居越冬，常7～8只挂在一起。以昆虫为食，益兽。普通蝙蝠，体小，前臂长4.1～4.8厘米，耳短而宽，尖端圆钝，基部较窄。翼膜从趾基开始。身体背部毛基为黑褐色，毛端颜色浅白、鲜艳，发银光，一般称之为“寒毛”。体侧与胸膜毛色较浅淡，特别是颈部与腋下毛色浅白，与褐色的背毛形成鲜明对照，故普通蝙蝠也被称做双色蝙蝠。

普通蝙蝠分布广泛，栖息环境也较为多样，包括森林、草原的树洞、岩缝、楼顶、屋檐、古庙、废墟等。常常同其他种类混居在一起，拂晓前，黄昏后飞行中觅食。如果食物稀少，它们可整夜活动。平时雌雄住在一起，怀仔后和产后哺乳期间，雌兽40～50只成群聚集在一起，而此时雄兽常独往独来。6月产仔，1～2只，雌体有乳头两对。冬季以冬眠方式越冬。

食虫目

食虫目兽类当然是以昆虫、蠕虫等小型动物为食，它们体型均小，其中刺猬就算大的了，而鼩鼱除嘴外，整个体形与小型老鼠很难区别。体被细密的毛或粗硬的棘；头小，吻又光又长；眼与外耳也小；门齿较大，犬齿小或退化，臼齿多尖；四肢短小，足具爪。穴居。其主要代表种有树鼩、岩鼩、刺猬、鼩鼱、鼹鼠、麝鼹、金鼹等。

树鼩，外形像松鼠。吻尖而细，齿分化不明显。尾部蓬松。全身被毛呈灰橄榄色。生活在热带和亚热带的树林中，日间活动，喜欢捕食各种虫类，偷吃鸟卵或未出巢幼鸟；有时也食野果和山菜。树鼩分布于我国云南、广西、广东、海南等地；国外主要分布于越南、缅甸等地。其毛皮可加工利用。

刺猬，刺猬体肥短，遇人时将头、脚缩紧抱成一团，外形则变成刺球，任你怎么摆动它一动不动，待人走后它便迅速跑开。体长约25厘米，四肢短小，爪弯而锐利。眼、耳都小。毛短而生有密刺。夜间活动，以昆虫、蠕虫为食，对农业有益。分布于我国北方及长江流域，其中有一种短刺猬，也叫长耳刺猬，耳比刺猬体长，体长24厘米，分布于我国东北、西北一带。国外分布于亚洲中部、北部及欧洲。刺猬可入药，皮与刺均有一定药用价值。

鼩鼱外形如鼠，体小，长6～8厘米，尾短，仅有3～5厘米，栗褐色。吻部又尖又细，能自由伸缩；齿尖。鼩鼱分布全国各地，栖息于平原、沼泽、高山，甚至建筑物中。捕食虫类为食，有益于农业生产。国外分布于欧洲、亚洲。

麝鼩，外形如鼠，体比鼩鼱长大，齿尖色白，尾粗而短。全身被毛密而有光泽，背部深褐或黑褐，腹面浅棕灰色。体侧有臭腺。以昆虫及绿色植物为食。该兽主要栖息在森林、灌丛或田野草地。分布于我国东北、华北和长江下游一带。亚洲、欧洲及非洲均有。

鼹鼠，外形似鼠，体长10厘米左右。肢短，头尖，吻长。耳小或退化，眼小，有的种被皮肤掩盖，尾短小。前肢五爪特强大，掌心向外，宜于掘土，钻到土中瞬间消失。以昆虫、蚯蚓为食，对农业有害。如长吻鼹，分布于中国四川；麝鼹，分布于我国吉林、辽宁、内蒙古等地。

灵长目

154

　　猿、猴为灵长目动物，是动物界进化最高级的类群，是人类进化的前身。

　　它们有很多高级的特征，前肢的拇指与其他四指对生，可以握东西；指端有指甲。后肢也如此，但后肢骨骼、肌肉发达，能直立行走，尾有或无。眼眶向前，眼周骨环突出。锁骨发达，与前肢的活动能力相关联。杂食，植物的果实、谷物、昆虫和肉类均可食用。通常群居，雄性长者强大者为首领。树上生活。

　　代表种有懒猴、眼镜猴、卷尾猴、吼猴、猕猴、红面猴、长尾猴、狒狒、山都、山魈、金丝猴、黑叶猴、长臂猿、猩猩、黑猩猩、大猩猩等。

　　懒猴，体比家猫略小，尾极短，隐于毛丛中不易看见。头圆，耳小；眼大而圆，善于夜间视物。体背和侧面毛呈棕褐色，背部中央有一深栗红色纵纹。腹面灰白色。四肢粗短，指与趾都具指、趾甲，仅后肢第二个趾具爪，前肢第二指很短。树上生活。以野果、鸟、昆虫为食。由于其动作缓慢，白天睡大觉，故叫懒猴。分布于我国云南、广西及越南、缅甸等地。

猕猴，又叫恒河猴。体长55～60厘米，尾长25～32厘米，毛色灰褐，腰以下橙黄，有光泽。胸、腹、腿部深灰色。颜面和耳裸出，幼时白色，成熟后肉色至红色。臀部有红色臀胝。喜欢群居林中，好喧闹。以野果、野菜为食。猕猴两颊有颊囊，可以贮藏食物慢慢享用。分布于南亚、东南亚及我国云南、四川、青海、广西、广东、福建、台湾、安徽、浙江等地。

狒狒，该类猴雌雄大小相差悬殊，雄性体长70～75厘米，尾细，长约25厘米；雌性甚小。头部较大，而吻部雄长雌短；四肢无毛；手脚黑色。雄性从头的两侧至肩部披有长毛，状若蓑衣，故又叫蓑狒。喜欢栖居岩石裸露的疏林地。群居，雄性年长强大者为首领。以鸡、卵、蜥蜴、蠕虫、昆虫为食。

山魈，体型较大，雄性体长80厘米以上，重30～40千克。头大，尾极短，四肢粗壮。眉骨突出，两眼漆黑深陷；眼以下，鼻部深红色，两侧皮肤皱纹明显，色鲜蓝透紫。吻部密被白须或橙须；牙长而尖利，状极丑陋。头顶毛竖起。身上毛为黑褐色，腹部灰白色。臀部具一大块红色臀胝。栖于乱石山上，群居，性凶猛。分布于非洲西部。

金丝猴，体长约70厘米，尾长约与体长相等。无颊囊。背部有发亮的长毛。颜面青色；头顶、颈部、肩、上臂、背和尾灰黑色；头侧、颈侧、躯干、四肢内侧褐黄色。生活于海拔2500～3000米的高山密林中。群栖，以野果、嫩芽、竹笋为食。分布于我国四川、甘肃、陕西南部。

兔形目

　　兔类为人类所熟悉，是草食性小型动物。其特点是无犬齿，门齿发达，适于食植物，门齿终生生长，需要经常借啮物磨短。此目分两科，一为兔科；二为鼠兔科。代表种为家兔、草兔、东北兔、高山鼠兔、达呼尔鼠兔、戈壁鼠兔、西藏鼠兔等。

　　家兔，门齿发达，上唇中央有裂缝，灵活。耳长，眼大而突出，尾短上翘。前肢五指，后肢四趾，后肢较前肢长，善跳跃。胆小，听觉、嗅觉敏锐。繁殖力强，生后6～8个月性成熟，妊娠期30天。每胎产4～12只幼仔。成兔体重可达5千克左右，寿命约10年。

　　东北兔，体长31～50厘米，体重1.4～3.7千克。头部和身体背面棕黑色，由黑色长毛与浅棕色毛相间而成。颈部黑毛较少，形成一纯棕黄色区域。耳短，向前折不到鼻端。耳前部棕黑色，后部棕黄色，边缘白色，尖端棕黑色，具灰色毛基。腹毛纯白，但颈下具一棕黄色横带。

东北兔平时无固定住所，仅怀胎及产仔时才找个地方安巢栖居，白天多隐匿，夜间出来活动。灌木丛、杂草丛都是它们常呆的地方。善于奔跑、跳跃，有较固定的行走路线。分布于东北各地，肉、毛皆可利用。以树皮、嫩枝、草类等为食。

蒙古兔，也叫草兔。体型略大，头与身体背面淡棕色或沙棕色，前额及背部有尖毛为棕黑色，呈棕黑色波纹。耳较长，向前折可达鼻部后方，耳褐棕色，具黑尖。躯干两侧及腹面白色。体长40～48厘米，体重1.54～3.00千克。耳长8～11厘米。该兔主要生活于草原、农田、河流冲积平原等开阔地带。昼伏夜出。一年多窝，每窝产仔3～4只。以青草、嫩枝、树皮、作物等为食。

高山鼠兔，像鼠但是兔，体小如鼠，耳短而圆，四肢短小，无尾。夏毛棕黄或浅黄褐色，沿头顶和脊背杂有黑尖的毛。冬毛灰色或灰褐，比夏毛浅淡。体长15～21厘米，重0.14～0.26千克。该兔分布狭窄，仅长白山天池火山锥体周围，生活在高山苔原带。以洞穴居，以松子、榛子、苔藓等为食。

达呼尔鼠兔，体长12.5～18厘米。体短而粗，四肢短小，后肢略长于前肢。耳长2.1～2.8厘米，无尾。沙黄褐色，毛基褐灰色，吻侧有橙或黄色长须。眼周有狭橙色边缘。耳椭圆有白边。颈下、胸部中央有黄斑。典型草原动物，栖于沙质、米沙质山坡、草原，蒿草中多见。4～10月繁殖，一年两窝，每胎5～6只仔。

鳞甲目

　　在哺乳动物中，有一类很特殊的种群，它们身上不是长毛而是背着重重鳞甲，人们管它们叫鳞甲目。这些鳞甲是角质化的外表皮衍生物，鳞甲之间又往往长着少量的毛。这些鳞甲在身体表面排列成覆互状，仅在腹部、四肢内侧有裸露的皮肤。它们头小，无齿，舌却很长，呈蠕虫状，伸缩自如可达吻端，能分泌黏液，用以粘住食物卷入口内。前肢的爪特别发达，可以用来挖掘洞道和蚁巢。鳞甲目动物仅一科一属，代表种为：穿山甲、印度穿山甲和大穿山甲。

　　穿山甲，体和尾全部被有覆互状的角质鳞。体长一般为40～55厘米；尾扁而粗，较体短，27～35厘米，头小，吻尖，口、耳、眼都小，无齿，舌细长，能从口孔伸出舐取食物。四肢短；爪强壮锐利，用以掘地觅食或掘洞穴居。主要以蚂蚁为食，尤喜欢舐食白蚁。

该兽产于南方，广东、广西、云南都有分布；国外越南、缅甸也有出产。它们营地栖或树栖生活，分布于亚洲和非洲。

树穿山甲和长尾穿山甲产于非洲，尾长，树栖。我国产2种，栖于长江以南各地山麓丘陵地区。

印度穿山甲分布于我国广西、云南及印度和斯里兰卡。身长30～92厘米，身体细长，尾长27～88厘米，体重一般2～5千克，最重达25千克以上。雄兽常较雌兽大些。头、嘴和眼小，耳壳有或缺；四肢短而粗，各是五指（趾）；尾扁平而长；躯体披以暗褐、暗橄榄褐或浅黄色鳞片，覆瓦状排列，可为防御天敌侵害工具。地栖或树栖，独居或雌雄结对，性怯懦，遇敌即将躯体蜷曲成球状，把头部埋在其中，并耸起鳞片，保护自己，有时还从肛门排出恶臭液体，以驱避天敌。尾可缠绕，极善攀援。树栖者白天隐于树洞，地栖者挖洞或利用他种动物的弃洞。晚上活动，食白蚁、蚁类及其他昆虫。

鳞甲可入药，性微寒、味咸，有活血通经、消肿的功效，主治经闭腹痛、痈肿、乳汁不通。肉可食。

啮齿目

啮齿类动物是最常见的动物之一，也是最不让人喜欢的动物之一，其中老鼠被人们划为"四害"成员，并有"老鼠过街人人喊打"的恶名。但是，啮齿类也不都像老鼠那样叫人憎恶，其中不少成员对人类有不少益处。

啮齿动物的最大特点是门牙长得快，而且从小到老终生都长，这对它们吃食物固然有好处，到老也不担心牙咬不动，但要不断地啃东西把多余部分磨下去，否则又会闭不上嘴。鼠类穴居，有些种类水陆两栖。

树狗，又叫巨松鼠。体瘦长，38～43厘米，尾长38～48厘米。头小，耳上有明显的毛簇。四肢短。体黑色或赤褐色，腹面、四肢内侧、眼和耳下鲜黄色；眼周有黑眼圈。白天活动，以植物为食。营巢树上。分布在云南、两广等地。毛皮可利用。

松鼠，体长20～28厘米，尾蓬松，长16～24厘米。体毛灰色、暗褐色或赤褐色，腹毛白色。冬季耳有毛簇。嗜食松子、胡桃等坚果，有时也偷食鸟卵。栖息于森林之中，用树叶、草苔筑巢，或用鸟类弃巢。每年1～4窝，每窝产5～10只仔。分布于东北林区及欧洲。毛皮可用。

旱獭，又名土拨鼠。体粗壮，长37～63厘米。头阔而短，耳小而圆；四肢短而强，前肢爪特别发达。尾短，略扁。背部土黄色，杂褐色；腹面褐黄。穴居，群栖，以植物为食。有冬眠习性。每胎2～8只。生活于草原、旷野、岩石和高原地带。分布于全国。

飞鼠，前后肢之间有飞膜，能从高处向低处滑翔。体长16～20厘米，尾长10～18厘米；有的体长8厘米。毛色有银灰、黄灰、暗灰、黄褐、赤褐、栗色和黑褐，种类有飞鼠、箭尾飞鼠、海南飞鼠、毛耳飞鼠等。

河狸，体肥胖，长约80厘米，后肢发达，具蹼。尾扁阔，无毛具鳞。穴居森林内河边，洞筑岸边，开口水中。用树枝、树干筑成"小屋"，再用树枝、泥土在附近筑成水坝，以防水位降低时洞口暴露。善游泳。以植物、树皮为食。分布于我国内蒙古、新疆。

麝鼠，体长25～45厘米，尾侧扁，后肢有蹼。耳短，几乎为毛所掩盖。体锈褐色，腹面较淡。栖息于沼泽地、水塘有水有草的环境中。在泥岸旁挖掘洞为巢，洞长可达10米；巢高35～100厘米，内分数个小室。以水生植物为食，偶尔也食小动物。尾被鳞，长20～28厘米。每年繁殖2～4次，每次6～7只。原产北美洲，后在欧洲、俄罗斯、蒙古、中国繁衍。

鲸目

　　大型水栖兽类——鲸，体型庞大，似鱼但非鱼为兽。身体呈流线型，前肢鳍状，后肢退化，体末端像鱼一样有一水平分叉状的尾鳍。多数种类有由骨骼和脂肪形成的背鳍。难怪人们习惯叫它们鲸鱼。无耳壳、无体毛，也无鳞，皮下脂肪发达。背有喷水孔。腹部有一对乳房，可借皮肤肌的收缩挤出乳汁喷入幼鲸口中。代表种有蓝鲸、抹香鲸、白鱀豚等。

　　白鱀豚，也叫淡水海豚。体长约2.5米，嘴长，有齿约130枚，齿根侧扁而宽。有背鳍。体背面淡蓝灰色，腹面白色。以鱼为食，生活于洞庭湖及长江中、下游一带，钱塘江也有发现。冬季常三五成群，有时七八只一起。

　　白鱀豚是国家重点保护动物之一，目前数目很小，已经濒临灭绝，具有重要的学术价值和科研意义。

抹香鲸，雄鲸体长10～19米，雌鲸体长8～15米。头部极大，口内有齿。背面黑色，微现赤褐；腹面灰色。用肺呼吸，在水面吸气后即潜入水中，潜水可达45分钟。以浮游动物、软体动物及鱼类为食。进食方式为滤食，一口将水吞入口中，待水吐出时将食物滤出吞下。每胎一仔。分布于大西洋、太平洋。肉可食，头可制鲸脑油，肠中有种分泌物称龙涎香，可制香料；肝制鱼肝油、脂肪制油及蜡。

海豚,体形似鱼。体长2～2.4米，有背鳍。嘴尖，上、下颌各有尖细的齿94～100枚。常成群游于海面，以小鱼、乌贼、虾等为食。分布各海洋。肉可食，皮制革，脂肪制油。

虎鲸，体纺锤形，雄性体长6.5～10米，雌性6～8米。头圆，齿粗大；背鳍高大，略呈三角形。背黑腹白，眼后上方通常有梭形白斑。性凶猛，常成群游弋，捕食鱼类、海豚、海豹等为食。分布各大洋。

长须鲸，体长一般20米左右，重约50吨，最长可达27米。背部青灰色，腹面白色。体后有一背鳍；胸鳍小，末端尖。喉胸部位有68～114条褶沟。口中两侧各有鲸须350片。以小甲壳类动物、小鱼等为食。广布于各大洋。全身均可利用，经济价值极高。

蓝鲸，也叫剃刀鲸，为鲸中体型最大者。体长一般20～25米，有的达30米。由于通体蓝灰色，因而得名，有白色斑点。在近海岸食浮游性甲壳类。分布极广。全身可利用。

尖吻鲸，体长6～9米，重5～10吨。体暗灰色或褐灰略带青色，腹面白色。有背鳍，胸鳍有一宽阔白带。喉胸部50～70条褶沟。口中两侧各有鲸须300片。以小鱼、小虾为食。常将头伸出海面呼吸和休息。分布世界各大海域。全身可利用。

食肉目

　　食肉类哺乳动物是生活在自然界的猛兽，有的甚至就生活在我们身边，如鼬。它们几乎各个都有传奇般的故事，像狐狸与小鸡，东郭先生与狼；国宝熊猫，北极熊……

　　这类动物无论体型大小，它们都是捕猎能手，都以动物为食，故称食肉类。有适应食肉这种生活习性的构造变化，如善追逐奔跑，机警近于狡猾，门齿不发达但犬齿粗壮尖锐，宜于切断和撕裂食物，爪锋利。

　　狼与猎物打斗往往群起而攻之，而且斗志顽强，穷追不舍；狐狸捕获猎物通常偷袭，先隐蔽或漫不经心，待逼近时出其不意，攻其不备，常常得手。这说明食肉目哺乳动物大脑发达，嗅觉、视觉、听觉都相当灵敏。如犬类以其嗅觉见长被人类驯化为警犬，帮助人类侦缉重案。

　　食肉目分 6 个科，它们是：熊科，如白熊、棕熊、马熊、黑熊、马来熊、浣熊、小猫熊等。熊猫科，如猫熊。鼬科，如黄鼬、白鼬、雪鼬、艾鼬、香鼬、青鼬、臭鼬等。此外，紫貂、山獾、獾、沙獾、海獭、水獭也属鼬科动物。猫科，如狮、虎、豹、猞猁、豹猫、猫、金钱豹、雪豹、云豹等。灵猫科，如灵猫、果子狸等。犬科，如狼、豺、貉等。

　　食肉类哺乳动物是我国自然资源的重要组成部分，它们是自然界各个生态系统中食物链结构的最高级，是维持生态平衡的主导生态因子，没有食肉类，食草动物就可能泛滥成灾，最后必然导致食草类的灭亡。因为泛滥的结果必然造成种群退化，疫病蔓延，食物匮乏，这是野生动物消亡的三部曲。

　　食肉类动物即食肉类哺乳动物，它们是不同生态系统生态平衡的坚强守卫者。它们为人类提供着大量的野生动物资源，而这正是发展工业、发展科学，提高人民生活水平时刻都离不开的，更是其他任何物质都不能比拟的珍贵原材料。

鳍足目

　　鳍足目是除了鲸鱼、海豚外海洋中生活的又一类哺乳动物。它们是海狗、海象、海狮、海豹等，平时很难看到。

　　为什么叫鳍足？就是说海里生活的狗、象、狮、豹不长脚、不长腿，不需要行走，但必须游泳，所以它们的运动器官是鳍足。鳍足像鳍似足，又不同于鳍和足，是界于两者之间的演化产物。

　　这类动物除生殖季节需要到岛上繁殖外，几乎都生活在海洋中，这大概是有利于幼仔生存的一种适应。此外，适于游泳的特征，如体呈纺锤形，指（趾）间具蹼。皮下脂肪发达，无裂齿等。

　　海狗，也叫海熊。雄大雌小；雄性体长1.9～2.2米，雌性1.2～1.3米。头部特征是额骨高；有耳壳。体毛黑色，腹毛白色。该兽生活在北太平洋海域，常见于域内岛屿，如千岛群岛、萨哈林岛。5月初回到大洋岛屿上繁殖，秋后洄游大洋中去。我国黄海、东海可见。毛皮优良，海狗肾可入药。

海象，是鳍足目中最大的种类。雄兽体长可达5～6米，重约3000千克；雌兽体长约3米，重900千克左右。海象生活在海洋中，以小鲨鱼、乌贼等为食。繁殖期移居海岛。代表种有北海象和南海象。北海象雄兽鼻长如象，分布于美国和墨西哥西部沿海，北至阿拉斯加；南海象雄兽鼻上部皮肤长成囊状构造，能起，分布于南半球海洋中。

海马，雄兽体长可达3米，重1000千克以上。头圆，无耳壳，嘴短而阔；上犬齿特别发达宛如象牙突出吻端，用以掘食和攻防。四肢鳍状；后肢能弯向前方，借以在冰块或陆上行动。海马通常成群居于大块浮冰或海岸附近，以牙在泥沙中掘食贝类。4～6月生殖，每产一仔。分布于北极圈内。肉、脂可食，牙可雕刻，骨、皮可用。海马因齿似象牙被误称海象。

海豹，体长1米左右，背部黄灰色，布满暗褐色花斑。尾很短，前、后肢均呈鳍状，适于水中生活，后肢不能弯曲向前方。以鱼类为食，也吃甲壳类、贝类。繁殖季节生活在陆地或冰块上。分布于温带和寒带沿海，多在北半球。毛皮、肉、脂肪均可利用。

海狮，体大，前后肢呈鳍状，后肢能转向前方以支持身体；有耳壳；尾甚短；体毛粗，细毛稀少。雄兽体长2.5～3.25米，雌兽较小。有的种类雄兽颈部有长毛如狮，故名海狮。该兽生活于海洋之中，以鱼、乌贼、贝类为食。繁殖期上岛产仔，每年一胎，每胎一仔。其中北海狮体最大，毛黄褐至深褐色，分布堪察加沿海；南海狮体褐色，肢黑褐色，分布美国西海岸。南美海狮体褐色；灰海狮雄兽头、颈黄色，分布澳大利亚。

长鼻目

　　长鼻目是陆地上体型最大的动物，是热带雨林中的巨无霸。现在陆地上仅存一属两种，即非洲象和亚洲象。

　　亚洲象又叫印度象，体高可达3米，皮厚毛稀，四肢如柱子，体型庞大，性凶猛。鼻与上唇愈合成圆筒状，长鼻可吸水送入口中，也可用以摄食、搬运、驱赶昆虫侵扰。上颌门齿特长大，俗称象牙。

　　非洲象雌、雄均有发达的象牙，性野，不易驯服。

　　大象离不开森林，因为它们以树枝叶和草类为食，尤其喜食果实，常成群闯入香蕉园、玉米田，将果实一扫而光。

　　它们生活在水源附近，每天都要到水边饮水，也常常把泥巴滚满身躯，目的是防止昆虫叮咬。

　　亚洲象温顺，如从幼时喂养驯化，能学会很多滑稽动作，被人们当

成宠物，我国云南傣族和缅甸、泰国、印度都有饲养大象于家庭的习惯，象可以帮助人们搬运重物。甚至有的把象奉为神明，对象顶礼膜拜。

西双版纳热带雨林中有个野象谷，野象已经发展到百头以上。旅游部门在树上搭起空中长廊，在野象出没地方的树上建起空中旅馆，人可住在树屋中等待野象来饮水嬉戏，大饱眼福。游人幸运时，也可以路遇大象，令人留连忘返。

大象毕竟是野生动物，平时人们不去惹它，它也与人类相安无事。如果一旦因为某件事激怒了它，它发起狂来也十分可怕，破坏性也甚大。它可以扬起长鼻向人们穷追不舍；可以在追上人时用鼻抽打，用牙挑，用脚踩。它们可以冲击村庄，毁掉庄稼，破坏房屋建筑……

在热带雨林中，没有哪种动物敢向大象挑战，当象群来到水边时，已经占领这片水域准备伺机猎获食物的狮子、猎豹、凶狠的鳄鱼等都不得不暂时收敛起它们的野心，乖乖地先躲到一旁，把水让给大象。

目前，世界上的象已经很少，种类少，每一种的数量也在不断地减少。

中国在野象保护方面采取了诸多措施，投入了相当大的精力，目前，亚洲象在我国繁衍良好，爱护保护野象已经成了分布区域内人们的自觉行动，形成了良好的社会风气。

奇蹄目

奇蹄即蹄只有一个，呈奇数（单数），如马、驴、骡都如此。其实这类动物的蹄是由指（趾）特化而来的，第三个指（趾）特发达，呈蹄状，其余的指（趾）不发达或退化了。

马与驴野生种类很少，属珍稀濒临灭绝的野生动物，已受到国家的重点保护。但经人工驯化的马与驴已经成为家畜，是人类的主要帮手，种类多，数量大，分布也极其广泛。

马的主要产区在内蒙古、新疆，其中蒙古马体小、体矮，耐力强，适于奔跑、快走，常被用做军马。新疆的伊犁马，体高而大，善奔跑，常被驯化为比赛用马，仪仗队用马。马大食量大，马小体力差，为适合拉车、犁地，人们培育身体适中，食量适中的各种役马，这就是分散于各家各户的农用马。

驴体小，但食量小，饲料成本低，人们利用驴与马杂交产生骡，骡的优点兼备马与驴的长处，寿命也长于马与驴，所以千百年来，骡很受人们欢迎。

　　除马、驴、骡外，这类动物还包括野马、野驴、斑马、貘和犀牛。野马，体如家马，体长2米以上，肩高可达1.5米。耳小而短；鬃短而直，不垂于颈的两侧；尾有长毛，蹄宽而圆。夏季毛淡棕色；冬季毛色较浅，腹毛浅黄色。该兽栖于荒漠草原，性凶野、喜群居。中国主要分布于甘肃西北部、新疆准噶尔盆地，蒙古亦产。由于这是世界仅存的野马物种，有重要的学术价值。

　　野驴，体比家驴大，耳比马耳长，尾根毛少，尾端似牛尾。夏季毛呈赤棕色，背部中央有一条杂有褐色的细纹；腹毛浅白。冬季毛色灰黄。生活在荒漠和半荒漠地带，视野宽阔，便于躲避敌害。耐寒、耐热力均强。能多日不饮水。性蛮悍，不易驯养。分布于中国内蒙古、青海和西藏。

　　斑马，体高约1.3米。毛淡黄色，全身有黑色横纹，鬃毛刚硬。群栖。产于南非好望角山地，是非洲特产。

　　貘，体形似犀，矮小，尾极短；鼻端无角但向前突出很长，能自由伸缩。栖于热带密林，善游泳。以嫩枝叶为食。分布于马来西亚、苏门答腊、泰国及中、南美洲。如马来貘，背与两肋灰白色，头、肩、腹、四肢黑色。美洲貘，体暗褐色。

　　犀牛，犀体粗大，吻上有角。毛极少，皮厚而韧，多皱襞，色微黑。以植物为食。现存五种：印度犀，爪哇犀、苏门答腊犀、非洲犀和白犀。白犀也分布于非洲，主要生活在非洲南部。犀牛全身有用，肉可食，皮制革，角入药，具较高的经济价值和学术价值。

偶蹄目

所谓偶蹄，这是相对奇蹄而言，偶即双数，也就是指两蹄动物。偶蹄动物如牛、羊，它们足下的两个蹄甲，是由动物足上的指（前蹄）和趾（后蹄）发育演化而来的。一般爬行类具五指或趾，第三、第四两指或趾，在发育中同等演化，而第二、第五指或趾则退化成为悬蹄，走路奔跑时接触地面的总是第三、第四两个蹄，所以，用进废退，经常用的这两个蹄越来越发达，而用不着的两个蹄就逐渐退化。猪也是偶蹄动物，只要我们细心观察就不难理解。

自然界偶蹄动物甚多，从复胃的结构上可分成不反刍亚目和反刍亚目。猪与河马，胃属单胃，内分单室和三室，臼齿结构复杂，适于食草，犬齿、门齿发达，常呈獠牙状。

骆驼、马鹿、梅花鹿、羚羊、野牛以及家庭饲养的羊牛，也都是属于偶蹄类，它们的胃分三室，食物到胃后可以重新反回嘴里咀嚼，故又叫反刍亚目，以此区别与前者的关系。偶蹄目动物不但分布广，而且也与人类关系最密切，人类长期驯养和役使的动物中，偶蹄类居多数，同时，它是人类生存中，肉、奶类营养物质的主要来源。

由于偶蹄类大多数是草食性动物，所以，它们的分布区域环境也以草原环境为主，个别种类如羚羊、野牛，主要分布在高山草原和针叶林上的开阔带，一方面取决于食物，另一方面也有利于避开天敌危害。

现代大多数有蹄动物都属于偶蹄类。它们是具有偶数趾的有蹄类，每只脚上或有4个，或有2个脚趾，脚的中轴通过第三和第四趾之间。现代的偶蹄类有猪、河马、骆驼、驼马、小的鼷鹿、鹿、长颈鹿、北美叉角羚羊、绵羊、山羊、麝香牛、羚羊和牛。在这些偶蹄类中，有些曾经一直被人们利用了几千年，而且还将利用到将来，以作为食品、羊毛的来源，其中骆驼还是沙漠中的运输工具，牛是耕地的好帮手，猪和羊、鹿为人类提供肉类食品等。因此可以说，偶蹄类对于我们自己和我们的祖先来说，长期以来一直是很重要的动物。

海牛目

这是生活在海洋中的有蹄类哺乳动物。它们体形像鱼，但前肢演化为鳍状，以适应水中生活。前肢的指上仍然能看出退化了的蹄的痕迹。后肢完全消失，尾鳍水平状。草食性。代表种有儒艮，亦称人鱼。

儒艮，体形似鱼又如人体，周身光滑无鳞，皮肤灰白色，胸部有一对乳头，哺乳时因前肢抱着幼仔，头部和胸部都露出水面宛如人在水中游泳，这就是叫它人鱼的缘故吧。

儒艮体长约2.7米，前肢变成鳍，后肢退化。头部骨骼厚大。口内有齿，雄性上门齿特别发达；臼齿呈圆筒形，但无珐琅质。皮肤光滑细腻，色灰白，具有稀疏而分散的毛。

该兽喜欢生活于江河入海口处或在浅海海湾内，因为它的食物主要是藻类及其他水生植物，而这些地方正是其食物比较丰富的区域。每年妊娠一次，一胎只产一仔。分布于亚洲热带海湾，如我国的台湾、广东沿海。

其肉可食，皮可制革，脂肪可提取工业用润滑油。而儒艮本身具有较高的学术研究价值，应得到相应的保护。

现代海牛是大的哺乳动物，头上有奇异的、粗钝的鼻子，鱼雷形的身体，浆状的前肢，以及一个宽阔的水平的尾鳍。皮肤裸露而粗糙。后肢退缩，后肢带退化成一棍状骨。肋骨粗大笨重，使这些动物的身体形成一种腹舱。头骨较长而低，其背部与很原始的长鼻类（象的祖先）的头骨有某种程度的相似。头骨前端形成一狭窄的喙部，在现代海牛中，这喙部是直接向下伸的。颊齿就像第三纪某些长鼻类的牙齿一样，或者有双重横脊，或者有钝的齿尖。海牛当然是熟练的游泳家，经常游入流注入海的河流内吃食水生植物。

最早的海牛比现代的海牛稍微原始一些，例如始新世的海牛，头骨的前部或喙部不像后期的海牛那样向下伸。

第六章　写在最后

　　研究生命科学不研究人类的进化和发展是不完整的，一般地说，人们对自己的祖先总是很感兴趣，几乎每个人都会想过，我们来自何处？我们的祖先是谁？他们是在什么样的环境下生存的？怎样一步步地演化成今天的人类？

　　传统的理论认为人是由古猿进化而来的。人和猿的共同远祖是距今 3500 万至 3000 万年前生活在埃及法尤姆洼地的原上猿和埃及猿。这个共同远祖后来分成两个分支：一支成为猿类；一支发展为人类。进化为人类的这一支是由古猿从腊玛古猿、南方古猿、直立人、智人这样的进化顺序，逐步进化而来的。其理由是人类与猿在生理特征、社会性特征上有着诸多的共同之处。无论是从外表形态、解剖学特点、生理学以及血液的生化指标上都极其相似。猿的身躯似人，后肢直立，两条腿走路；脸无毛或少毛；没有尾巴；五官的位置和形态也都相似；有 32 颗牙齿；骨骼构造以及早期胎儿也都相似；血型也都是 A、B、O、AB 型。尤其是染色体的形态和位置也都相近。

　　从脑容量方面分析，300 万年前的非洲南猿为 440 毫升；100 万年前的猿人为 500～650 毫升；150 万～100 万年前的直立猿人为 940 毫升；而中国的蓝田猿人距今 100 万～80 万年左右，其脑容量为 780 毫升；而中国的和县猿人生活在距今 28 万～24 万年前，其脑容量已经有 1026 毫升之大，这和周口店的北京猿人已经十分接近。

　　从猿到人，一般认为有两大步，其一是经历了腊玛古猿和南方古猿这两个阶段。其二认为人类发展到原始公社时期，就已经完全成为人，经历了早期直立人、晚期直立人、早期智人和晚期智人四个阶段。

　　常讲的现代人的起源，指的是目前生活在世界各地的现代人中，如黄种人、白种人、黑种人、棕色人种等，他们的起源也有两种学说：一种说法叫做"地区起源"，认为现代人是某一地区早期智人"侵入"世界各地逐渐形成和发展的结果。这一地区过去认为是亚洲西部，近年来由于多方考证，较倾向于非洲南部。另一种说法叫"多地区起源"，即认为亚洲、非洲、欧洲等地的现代人，都是由当地的早期的智人以至猿人逐渐演化而来的。

生命的起源与地球的演化

生命是我们这个世界上最神奇、最伟大、最美丽的自然现象。地球上的微生物有8万多种，植物46万多种，动物100万种。

什么是生命呢？一般人不难区分什么东西是有生命或没有生命的。但给生命下一个科学定义却又是千百年来最难的事，这个问题直接关系着对人类自身的理解。

从古至今，随着人们对生命现象的逐步理解，生命概念在不断地改变。现代常用的定义即生命是生物体所表现的自身繁殖、生长发育、新陈代谢、物质和能量交换、遗传变异以及对刺激的反应等的复合现象。但这些复合现象中任何单一现象都不是生物所特有的。从"物质和能量交换"来说，非生命的火焰不断把燃料变成其他物质，进行着剧烈的物质和能量交换，在有足够燃料供应的情况下，它也会"繁殖"，但人们并不认为它有生命。相反在适当的条件下，保存的种子（如古莲子）在一个长时间内可以没有物质和能量交换，但仍然具有生命，因为环境适宜它就会萌发。"生长"也是一样，无机的晶体在形成的时候就有一个生长的过程；相反，有些生命体并不是总在生长，有的一旦形成，大小就不变了。"繁殖"也不是生命体独具的特征，凡是有自催化过程的反应系统都有繁殖现象（如一些核反应）；而有些生命由于生殖系统的先天缺陷也不能繁殖（如骡子）。至于说到外界刺激会引起反应这一点，自从有了机器，特别如计算机以后，那也就不能认为是生命所特有的性质了。

关于地球上的生命究竟是如何诞生的，至今没有一个公认的令人信服的说法，这就给生命的源头蒙上了一层神秘的色彩。

当然，要弄清楚地球上生命的起源，就非常有必要知道地球是如何演化的，其中与生命尤为相关的便是大气，因为是它为生命的出现创造了必要的条件。地球大气的演进可以分为三个阶段：第一代大气即原始大气在地球演化的初期就消失了。第二代大气是被地球内部物理化学反应挤压出来的，称为还原大气。还原大气的显著特征便是缺氧，只是由于后来出现了植物，植物的光合作用提供了大量的氧气，才使得还原大气变成了以氮、氧为主的现代大气，即氧化大气。据此，科学家们推测，在35亿年之前，地球上就已经出现了生命。

推测终归是推测，地球上生命的起源依然是一个悬而未决的问题。现在可以肯定地认为，大约在40亿年前，地球上只有岩石和水，地表温度很高，缺氧的大气使来自太阳的紫外线具有相当强的化学活性，这是生命形成的催化物。诸多关于生命起源的学说就是从这里开始的。

类人猿、猿人、古人

180

  类人猿，亦像人的那种猿。说他像人，不仅说他形态构造像人，行为特征也与猿类有较多的区别，同猿比他们进化了。比如猿中的长臂猿、猩猩等，都是类似人的猿猴。

  古猿，这是类人猿的主要代表，种类有森林古猿和南方古猿。森林古猿是以森林为依据，活跃在森林环境中的一类古代类人猿。

  从古植物学研究和古猿化石年代分析中，不难推测：森林古猿生活在距今2000万～500万年以前的古代热带森林之中，以植物的嫩叶、果实以及昆虫等小动物为食。喜欢群居，集体迁移或觅食。南方古猿大约活跃在距今67万年前的新生代，实际情况可能比推测的还要长，有人认为一直到距今250万年前的新生代，都是古猿兴盛的时代。

  猿人即像猿一样的人类，是最早的人类。他们活跃的时间距今

60万～50万年以前，地质年代属于更新世早期和中期。

　　猿人从体质形态上比较接近人，但仍然有许多比较接近猿的地方，如头盖骨低而平，颅腔缩小，骨壁很厚，眉嵴特别粗大，额部后缩等。

　　猿人与猿的区别更在于猿人已经学会制造简单的工具，知道用火熟食，在山洞或河岸居住，能够采集植物和猎捕动物。

　　猿人的代表如北京猿人、爪哇猿人。除此之外，人们又相继发现了元谋猿人、蓝田猿人、阿特拉猿人、海得尔猿人，这些都是猿人的化石，说明在不同地域，进化在同步进行，这正是以后地球上出现不同人种的原因所在。

　　古人，比猿人更进化一步，但比新人又原始、低级，是介于猿人与新人间的一类早期人类。

　　从化石发掘的地质年代推测，古人活跃时期应该在距今20万～10万年前的更新世晚期。这时已经属于旧石器时代中期——莫斯特期。

　　最早出土的古人化石是1856年在德国杜赛尔多夫尼安德特河流附近洞穴中发现的安德特人，也叫尼人阶段。从安德特人的特征看，古人的体质特征：脑容量大，男女平均为1440毫升；眉嵴发达，前额倾斜，枕部突出，颜面很长，眼眶圆而大。除安德特人外，我国广东韶关马坝乡狮子山洞穴中发现了马坝人，这是中国古人的早期化石，时间处于更新世末或晚更新世初。

新人

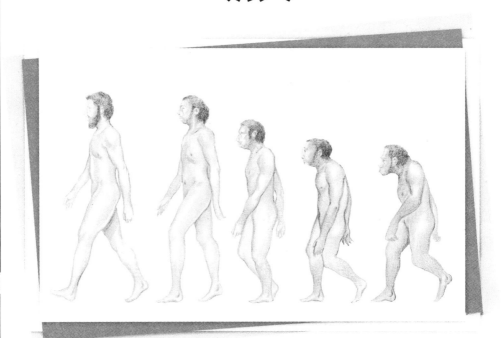

　　新人比古人进化，比现代人原始，是现代人以前，古人以后的早期人类。

　　新人生活时期距今约10万年。完整的新人化石是1868年首先在法国南部克罗马努山洞中发现的，又称克人阶段。

　　新人的特征是头骨高而长，额部垂直，眉嵴微弱，颜面广阔，眼眶低而短，眶间距离较窄，鼻狭，脑容量大，身材高大。

　　新人化石特征更接近现代人，这些化石发现于欧洲、亚洲、非洲和大洋洲各地。新人已经能够精制石器和骨器，爱好绘画、雕刻；营渔猎生活。

　　中国的河套人，发掘于内蒙古自治区伊克昭盟乌审旗萨拉乌苏河河岸沙层中，发现时间是1922年，河套人活跃年代应为更新世晚期。人类化石的特征河现代人类人基本相同。

山顶洞人是中国又一新人化石，据认为这是蒙古人种的祖先，1933年在北京周口店龙骨山山顶洞穴内发现，共八个。形态特征为头骨粗壮，属长头型；额部倾斜，眉弓发达，眼眶低短，梨状孔宽阔；下颌骨额孔位置较低，靠后。出土器物表明，山顶洞人已能够制作骨器、石器、装饰品，如石珠、穿孔砾石、兽牙，工艺制作已相当进步。

柳江人，即1958年在广西柳江县通天岩洞穴中发现的新人化石。应属更新世晚期。头骨适中，面部、鼻部短而宽。眶部低宽，眉嵴显著，额骨和顶骨较现代人扁平。明显具有早期蒙古人的特征，同时还有鼻孔宽阔等接近于南亚黄种人的一些特征。由此说明柳江人代表着一种分化和形成的蒙古人早期类型。

资阳人，1951年在四川资阳县黄鳝溪发现的新人化石，也属更新世晚期。头骨眉嵴显著，额骨扁平，这些特征较原始，其他特征与现代人相似。其头骨变大，最宽处在头两侧的上方，头骨具明显的鼻前窝，头正中有类似的矢状脊，顶骨在正中线两侧的部分比较扁平，鼻较高而窄，眉弓显著等特征与山顶洞人相似。

麒麟山人，1956年在广西宾县麒麟山洞穴中发现的新人化石。也属更新世晚期。

这以后，在中国北方也陆续出土了一些新人化石，证明中国现代人是新人的后代。

正像鲁迅说的那样，类人猿、类猿人、古人、新人、现代人，这正是人类进化的基本脉络。

现代人的起源

184

现代人起源于何时？这个过程是如何发生的？是缓慢地演化还是剧烈的突变？这些问题一直在学术界争论着。

权威观点认为200多万年前人类的进化，以智人的出现为现代人的起点。这种观点的根据有解剖学上的化石研究，有人脑及手的变化和表现形式研究，还有分子遗传学研究的证据。

特卡纳男孩骨骼发现是早期人解剖化石研究的最好例证：他身高1.83米，体格结实，肌肉强壮。这是160万年前的智人化石。与南方古猿比，他的脑容量大约900毫升，小于现代人的1350毫升。他头骨长而低，前额小而厚，额骨突出，眼上方是突出的眉嵴。科学家们认为这是典型的早期现代人结构，这种特征大约持续到50万年前。

在3.4万年前较晚些时间发现的人类化石都是完全的现代智人。他

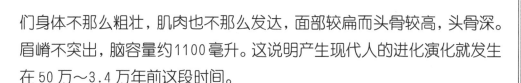

们身体不那么粗壮，肌肉也不那么发达，面部较扁而头骨较高，头骨深。眉嵴不突出，脑容量约1100毫升。这说明产生现代人的进化演化就发生在50万~3.4万年前这段时间。

尼安德特人生活于13.5万~3.4万年前之间，他们分布在由欧洲经近东延伸到亚洲的区域内，这有丰富的化石证据，这说明在50万~3.4万年前这段历史时期内，进化在整个旧大陆都不断地进行着，如希腊的佩特拉洛纳人，法国的阿拉戈人，德国的斯坦海姆人，赞比亚的布罗肯山人等。

尼安德特人四肢短，身体矮而粗壮。这样的身材适应寒冷气候，可是，同一地区和第一批现代人身材瘦长，四肢细长，轻巧的身体适于热带、温带气候。那么，第一批现代欧洲人是从哪儿来的呢？研究认为是"出自非洲"。

例如出自边界洞和克莱西斯河口洞的化石都在南非，被认为早于10万年前。可是卡夫扎和斯虎尔洞的现代人化石也近10万年。所以说，现代人最早源自北非和中东，然后迁至各地应该是可信的。在亚洲、欧洲的任何地方没发现这么早的现代人化石，也证实"出自非洲"说。遗传学研究也持这种观点。学者也都认为直立人的分布范围几乎在200万年前就越出了非洲。

图书在版编目（CIP）数据

神奇的生命／王学理主编.—长春：吉林出版集团股份有限公司，2009.3
（全新知识大搜索）
ISBN 978-7-80762-611-4

Ⅰ. 神… Ⅱ.王… Ⅲ.生命科学－青少年读物 Ⅳ.Q1-0

中国版本图书馆CIP数据核字（2009）第027864号

主　编：王学理
副主编：曹治
编　委：林雨竹　卢婷

神奇的生命

策　　划：曹恒　　责任编辑：息望　付乐
装帧设计：艾冰　　责任校对：孙乐
出版发行：吉林出版集团股份有限公司
印刷：河北锐文印刷有限公司
版次：2009年4月第1版　　印次：2018年5月第13次印刷
开本：787mm × 1092mm 1/16　　印张：12　　字数：120千
书号：ISBN 978-7-80762-611-4　　定价：32.50元
社址：长春市人民大街4646号　　邮编：130021
电话：0431-85618717　　传真：0431-85618721
电子邮箱：tuzi8818@126.com